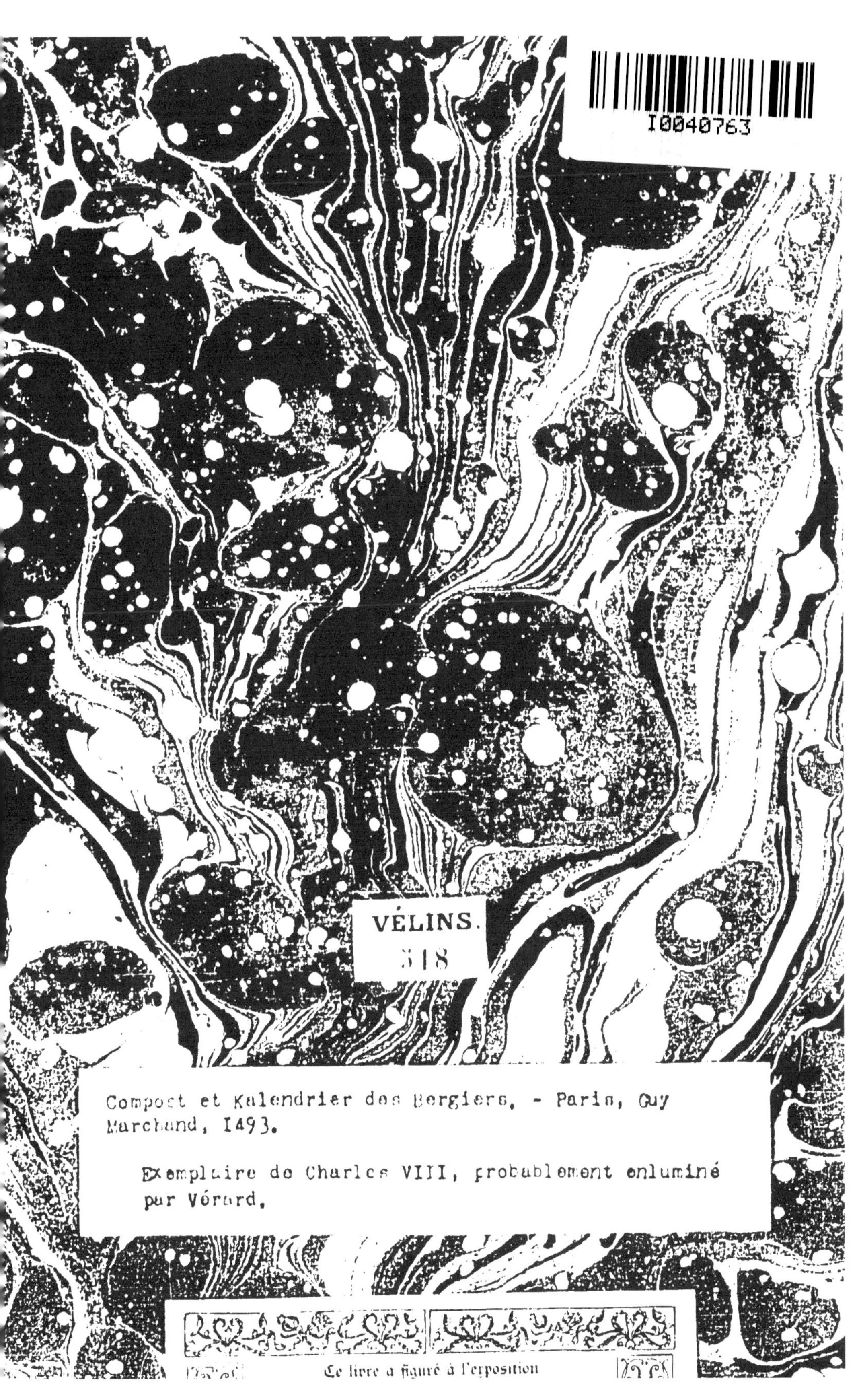




Compost et Kalendrier des Bergiers, - Paris, Guy Marchand, 1493.

Exemplaire de Charles VIII, probablement enluminé par Vérard.

Jannier.

In iano claris calidisq3 cibis potiaris
Atq3 decens potus post fercula sit tibi notus
Ledit enim medo tunc potatus vt bene credo.
Balnea tutius intres et venam findere cures

| Mil iiii c.iiii xx.xiii | | | | Mil v c.et xii. | | | | |
|---|---|---|---|---|---|---|---|---|
| | | | A | | | | Circoncision nre seigneur | a |
| viii | iiij | ix | b | viii | iii | xvii | S.machaire abbe. | b |
| xvi | v | vii | c | | | | S.geneuiefue vierge | c |
| | | | d | xvi | iiii | xi | s.affrose | d |
| v | o | ii | e | v | vii | xvii | s.symeon confesseur | e |
| | | | f | | | | Epyphanie les roys | f |
| xiii | iii | xli | g | viii | vi | vi | s.lucian martir | g |
| | | | A | ii | ix | xviii | s.seuerin confesseur | h |
| ii | i | xxxviii | b | | | | s.iulian martir | i |
| x | iv | iiii | c | x | viii | xvi | s.guillaume confesseur | k |
| xviii | vi | xiii | d | xviii | iiii | xvi | s.saline confesseur | l |
| | | | e | | | | s.satir martir | m |
| vii | viii | vi | f | vii | o | xxxv | s.hylaire confesseur | n |
| | | | g | | | | s.felix confesseur | o |
| xv | v | xxxiiii | A | xv | i | viii | s.mor confesseur | p |
| | | | b | iiii | viii | ii | s.marcel pape | q |
| iiii | x | xxxiv | c | | | | s.anthoine confesseur | r |
| xii | xi | xli | d | xii | o | xvi | s.prisce vierge | ſ |
| i | ix | xlii | e | | | | s.poncian martir | s |
| ix | v | xi | f | i | x | xvii | s.sebastien martir | t |
| | | | g | ix | v | li | s.agnes vierge | v |
| xvii | o | xxxiii | A | xvii | ii | lvii | s.vincent martir | u |
| | | | b | vi | iiii | xiii | s.machaire martir | x |
| vi | vi | xxxv | c | | | | s.babile martir | y |
| | | | d | | | | Conuersion saint pol | z |
| xiiii | ii | xxvii | e | xiiii | i | xxix | s.policarpe martir | ꝛ |
| | | | f | iii | vi | xlv | s.iuliã euesque du mã | ꝯ |
| iii | ii | xxx | g | | | | s.charlemaigne | a |
| xi | xi | xx | A | xi | viii | xxxv | s.sauinian martir | b |
| xix | vi | xxxv | b | xix | vi | xxviii | s.aldegonde vierge | c |
| | | | c | | | | s.metran martir | d |

Jannier a xxxi ... la lune xxx

Feurier

Nascitur occulta febris februario multa.
Potibus et escis si caute viuere velis.
Tunc caue frigora de pollice funde cruorez.
Suge mellis fauū pectoris q̃ morbos curabit.

| Mil iiii.c.iiii xx.xiii | | | | Mil v.c.et vii | | | | |
|---|---|---|---|---|---|---|---|---|
| viii | v | xii | d | viii | i | xlvi | Saincte bride vierge | e |
| xvi | o | vi | e | xvi | viii | xxxi | Purification nr̃e dame | f |
| | | | f | | | | s.blaise martir | g |
| v | vi | xxxviii | g | v | ii | xxv | s.auentin confesseur | h |
| | | | A | viii | x | xxvi | s.agathe vierge | i |
| xiii | iii | lviii | b | | | | s.dorothee vierge | k |
| ii | o | iiii | c | ii | x | lv | s.pelage martir | l |
| x | vi | lix | d | x | vii | liiii | s.salomon martir | m |
| | | | e | | | | s.appoline vierge | n |
| xviii | ix | ii | f | xviii | iii | iii | s.scolastique vierge | o |
| | | | g | vii | i | liiii | s.didier euesque | p |
| vii | i | xvi | A | | | | s.eulalie vierge | q |
| | | | b | xv | vii | xxxvi | s.lucin euesque | r |
| xv | xi | xv | c | | | | s.valentin martir | s |
| iiii | xiii | lv | d | iiii | ii | xxvi | s.craton martir | s |
| xii | o | xxxiiii | e | | | | s.onesin martir | t |
| i | vii | xli | f | xii | o | xxxiii | s.siluin euesque | v |
| | | | g | i | viii | xxxix | s.simeon martir | u |
| ix | iiii | xli | A | ix | | xvxxxi | s.gabin martir | x |
| | | | b | xviii | iiii | lix | s.eleuthere euesque | y |
| xviii | vi | xvi | c | | | | Septante ix martirs | z |
| | | | d | vi | viii | lviii | Chayre saint pierre | & |
| vi | i | x | e | | | | s.policarpe confesseur | ꝯ |
| | | | f | xiiii | vii | i | s.mathias apostre | a |
| xiiii | iiii | xii | g | | | | s.victorin et ses cõsors | b |
| iii | i | xlii | A | iii | ix | xlviii | s.nestor martir | c |
| xi | o | ix | b | xi | viii | liii | s.iulien martir | d |
| | | | c | | | | s.roman abbe | e |

Feurier a xxviii iours. Et la lune xxix

Nota les nõbres dor mõstrent les iours. heures et minutes des nouuelles lunes. Les nõbres rouges pour deuāt midi: et les noires pour apres midi. du iour mesme sus quoy sont lesditz nõbres

Martius humores gignit variosq3 dolores
Sume cibum pure cocturas si placet vre.
Balnea sunt sana sed que superflua vana.
Vena nec abdenda nec potio sit tribuenda.

| | | | | | | | | |
|---|---|---|---|---|---|---|---|---|
| Nuit iiii.c.iiiixx.xiii | | | | Nuit dc.et xii. | | | | |
| viii | viii | xxxvii | d | x.x | iiii | iiii | S.albin confesseur | f |
| | | | e | viii | o | l | Plusieurs martirs | g |
| | | | f | xii | i | xlvi | s.marin martir | h |
| xvi | vi | x | g | | | | s.gay martir | i |
| v | x | lvii | A | v | viii | xxxix | S.eusebe martir | k |
| | | | b | | | | s.iulian euesque | k |
| xiii | ii | xx | c | xiii | o | xii | s.thomas daquin | l |
| ii | ix | xix | d | ii | ix | lvi | s.arian martir | m |
| | | | e | | | | Quarante martirs | n |
| x | iiii | xliii | f | [illegible] | v | xx | s.gorgon martir | o |
| xviii | o | xli | g | x.iii | ii | xlvi | s.constantin confesseur | p |
| | | | A | | | | s.george pape | q |
| vii | vi | xlvi | b | iii | v | [illegible] | Saincte eufrase | r |
| | | | c | | | | s.pietre le martir | s |
| xv | ii | xii | d | xv | i | xxxiiii | s.longin martir | s |
| iiii | i | lvii | e | iii | xviii | xxxiii | s.patrice confesseur | t |
| xii | xi | xxxv | f | xii | x | xxxiii | Saincte gertrude | v |
| | | | g | | | | s.alexandre confesseur | u |
| i | v | lii | A | i | vi | [illegible] | s.iehan confesseur | x |
| ix | v | vii | b | ix | o | liiii | s.vlfran confesseur | y |
| | | | c | [illegible] | | | s.benoist abbe | z |
| xvii | xi | xlv | d | xvii | [illegible] | | s.affrodise confesseur | ꝯ |
| | | | e | | | | s.theodore prestre | ꝛ |
| vi | xi | iiii | f | vi | [illegible] | xlviii | s.agapite martir | a |
| | | | g | | | | Annunciation nostre dame | b |
| xiiii | iii | vi | A | xiiii | [illegible] | [illegible] | s.montan martir | c |
| iii | x | xlviii | b | iii | ix | xlix | s.iehan hermite | d |
| xi | v | xxx | c | [illegible] | | | s.gontran roy | e |
| xix | viii | xlix | d | [illegible] | | | s.eustace abbe | f |
| | | | e | [illegible] | i | xv | s.regule confesseur | g |
| viii | o | xv | f | viii | o | xl | s.balbine vierge | h |

Mars a xxxi iours. La lune xxx.

Auril

Hoc probat in vere vires aprilis habere.
Cuncta renascuntur pori tunc aperiuntur.
In quo scalpescit corpus sanguis qu oqz crescit.
Ergo solvatur venter cruorqz minua tur.

| Mil iiii.c.iiii xx.xiii | | | | Mil v.c.et xii. | | | | |
|---|---|---|---|---|---|---|---|---|
| | | | g | | | | Saincte theodore | i |
| xvi | x | ii | A | xvi | vi | xlvii | s.marie egipticane | k |
| | | | b | | | | s.pancras | l |
| xv | o | xx | c | v | i | xiiii | s.ambroise | m |
| xii | x | li | d | xiii | x | lv | s.herene | n |
| | | | e | | | | s.sixte martir | o |
| ii | x | lviii | f | ii | vi | xliv | s.eusippe | p |
| x | ii | lix | g | x | i | xlii | s:perpetu euesque | q |
| | | | A | | | | Sept vierges mart. | r |
| xviii | iiii | xliii | b | xviii | iii | x x | s.ezechiel pphete | s |
| | | | c | vii | | xix | s.lyon pape | s |
| vii | xi | xx vi | d | | | | s.zenon euesque | t |
| xv | ii | xii | e | | | | s.carpe euesque | v |
| iiii | xi | xxxii | f | xv | v | v | s.tiburce martir | u |
| | | | g | iii | vii | xlvi | s.olimpe martir: | x |
| xii | vi | xxiiii | A | xii | vi | xlv | s.calixte martir | y |
| i | iiii | xxxvi | b | i | i | xlvi | s.helye prestre | z |
| | | | c | ix | xi | xxx | s.appolin martir | [illegible] |
| ix | vi | xxv | d | | | | s.vincent martir | [illegible] |
| | | | e | xviii | xi | xxxii | s.victor pape | a |
| xvii | iii | liii | f | | | | s.symeon martir | b |
| | | | g | vi | vi | xvii | Saincte oportune | c |
| vi | viii | xxx | A | | | | s.george martir | d |
| xiiii | xi | xxx v | b | xiiii | ix | xxxvi | s.alexandre martir | e |
| iii | xviii | xxxii | c | iii | x | xi | s.marc euangeliste | f |
| | | | d | | | | s.marcelin martir | g |
| xi | ii | xo | e | xi | ii | xxx | s.anastase pape | h |
| xix | ix | liii | f | xix | xi | li | s.pollion martir | i |
| | | | g | | | | s.pierre le martir | k |
| viii | iii | lvi | A | viii | ii | xvii | s.eutrop rope martir | l |

Auril a xxx iours et la lune xxix

Mayo secure laxari sit tibi cure
Scindatur vena sed balnea dentur amena.
Cum calidis rebus sint fercula seu speciebus
Potibus astricta sit salvia cum benedicta.

| Mil iiii c.iiii xx.viii | | | | Mil v c.et vii | | | | |
|---|---|---|---|---|---|---|---|---|
| viii | iii | xvi | b | | | | S. iaques et S. phe. | m |
| xvi | xi | xiiii | c | xvi | viii | xxxv | s. athanase confesseur | n |
| v | ix | xi | d | v | iii | xxvii | Invention s. croix | o |
| | | | e | | | | s. quiriace euesque | p |
| xiii | vi | xxiii | f | xiii | vi | xx | s. hylaire euesque | q |
| ii | ii | xvi | g | ii | ii | xxiiii | s. urban apostre | r |
| | | | | x | ix | xxx | s. domicille | s |
| x | i | xl[illegible] | b | | | | s. victeur martir | s |
| | | | c | xviii | iiii | xli | s. nicholas euesque | t |
| xviii | viii | xxi | d | | | | s. mathurin confesseur | v |
| vii | xiiii | xxxiiii | e | vii | x | xxx | s. mammer confesseur | u |
| xv | xi | xxix | f | | | | s. pancras martir | x |
| | | [illegible] | g | xv | vi | xli | s. seruais confesseur | y |
| iiii | viii | viii | A | iiii | xviii | ix | s. ponce martir | z |
| xii | iii | xxxiiii | b | xii | i | lvii | s. ysidore martir | ꝛ |
| | | | c | | ix | lix | s. peserin martir | ꝯ |
| i | iiii | xi | d | | | | s. aquilin martir | a |
| ix | viii | xxiii | e | ix | viii | [illegible] | s. felix martir | b |
| | | | f | | | | s. yue confesseur | c |
| | | | g | xvii | ii | xli | s. basille vierge | d |
| xvii | vii | ii | A | | | | s. secundin martir | e |
| vi | viii | xx | b | [illegible] | | | s. helene vierge | f |
| | | | c | | | | s. dedier euesque | g |
| xiiii | vi | xl viii | d | xiiii | vi | i | s. iohanne | h |
| iii | i | [illegible] | e | iii | ii | xl | Marie iacob et salome | i |
| [illegible] | x | xliiii | f | [illegible] | x | xliiii | s. quadrat euesque | k |
| xix | xii | xxi | g | | | | s. radulphe martir | l |
| | | | | xix | [illegible] | [illegible] | s. germain euesque | m |
| viii | vii | iii | b | | | | s. maximin eusque | n |
| | | | c | | | | s. hubert | o |
| xvi | [illegible] | xlv | d | xvi | o | xl | s. petronille | p |

Mai a xxxi iours. La lune xxx.

Iuniuo gentes perturbat medo bibentes
Atqz nouellarũ fuge potus ceruisiarum.
Nec noceat colera valet hec refectio vera
Lactuce frondes ede/ieiunus bibe fontes.

| Mil iiii.c.iiiixx.xiii | | | | Mil v.c.et xii | | | | |
|---|---|---|---|---|---|---|---|---|
| | | | e | | | | s.pamphile martir | q |
| v | vii | v | f | v | iii | xiiii | s.marcellin martir | r |
| xiii | i | liiii | g | viii | ii | xviii | s.siphard prestre | z |
| ii | xii | ii | A | ii | ix | xv | s.quirin martir | ſ |
| | | | b | | | | s.boniface martir | s |
| x | i | xliiii | c | x | v | lv | s.claude confesseur | t |
| | | | d | | | | s.paul euesque | v |
| xviii | xi | v | e | xviii | vi | xlv | s.medard confesseur | u |
| | | | f | | | | s.felician martir | x |
| vii | iii | xliii | g | vii | i | xxv | s.basilide martir | y |
| xv | vi | lix | A | xv | xvii | ix | s.bernabe apostre | z |
| iiii | i | xlix | b | iii | xxvi | xxvii | s.nazare martir | & |
| | | | c | vii | ix | xiiii | s.felicule martir | ꝯ |
| xii | i | l | d | | | | s.aignen confesseur | a |
| i | iiii | lvii | e | i | [illegible] | [illegible] | s.modeste martir | b |
| | | | f | ix | viii | xxiiii | s.ferue.s.ferieu | c |
| ix | x | li | g | | | | s.auit confesseur | d |
| | | | A | [illegible] | [illegible] | [illegible] | s.marine vierge | e |
| xvii | vi | xii | b | [illegible] | [illegible] | [illegible] | s.geruais.s.prothais | f |
| | | | c | [illegible] | x | xxiiii | s.noilat | g |
| vi | v | liii | d | | | | s.quiriace | h |
| xiiii | i | xxviii | e | [illegible] | ii | xxv | s.paulin confesseur | i |
| iii | ix | xxxvi | f | iiii | ix | xviii | s.iehan martir | k |
| xi | viii | xxxv | g | [illegible] | [illegible] | [illegible] | s.iehan baptiste | l |
| | | | A | xi | viii | xlii | s.eloy confesseur | m |
| xix | iii | vii | b | xix | xi | xxviii | s.maxence confesseur | n |
| | | | c | | | | s.simphorieuse | o |
| viii | ix | xxi | d | viii | v | xv | s.herene martir | p |
| | | | e | [illegible] | [illegible] | [illegible] | s.pierre s.paul | q |
| xvi | vi | xl | f | xvi | | ii | s.martial euesque | r |

Juing a xxx [illegible] la lune xxix

Juillet

Qui vult solamen Julio hic probat medicamen
Venam non scindat nec ventrem potio ledat
Somnũ cupiscat et balnea cuncta pavescat
Probest recẽs unda allium cum salvia munda

| Mil iiii. c. iiii. xx xiii | | | | Mil v. c. xii | | | | |
|---|---|---|---|---|---|---|---|---|
| v | ii | ix | g | v | i | v | s. thibault | ſ |
| xiii | x | xxix | A | xiii | viii | lviii | Visitation nr̃e dame | s |
| | | | b | | | | s. gregoire martir | t |
| ii | x | lix | c | ii | iiii | liiii | s. martin confesseur | v |
| | | | d | x | iii | xxxix | s. domice martir | u |
| x | iii | vi | e | | | | s. ysaye prophete | x |
| | | | f | | | | s. simphorian martir | y |
| xviii | o | xlviii | g | xviii | | xxvi | s. ciliate martir | z |
| vii | xv | vii | A | vii | iii | lii | s. zenon martir | ꝛ |
| xv | i | xlv | b | | | | s. rufine vierge | ꝯ |
| iiii | viii | xlvi | c | xv | i | xlvi | s. benoist abbe | a |
| | | | d | iiii | ix | xxxix | s. nason | b |
| xii | i | li | e | xii | v | xxxix | s. turian euesque | c |
| | | | f | i | v | l | s. force euesque | d |
| i | vii | v | g | | | | Division des apostres | e |
| | | | A | ix | ix | xlii | s. hylaire martir | f |
| ix | i | xliv | b | | | | s. sperat et ses compa. | g |
| | | | c | xvii | vii | xxix | s. arnoul martir | h |
| xvii | iiii | liii | d | | | | s. acerni confesseur | i |
| vi | ii | xx | e | vi | x | xi | s. marguerite | k |
| xiiii | viii | lvii | f | xiiii | ix | xxii | s. praxede | l |
| | | | g | | | | marie madalene | m |
| iii | vii | o | A | iii | iiii | xix | s. apollinaire | n |
| xi | viii | xl | b | xi | o | lvii | s. cristine martire | o |
| | | | c | | | | s. iaques s. xposte | p |
| xix | vi | iii | d | xix | i | xlv | s. anne | q |
| viii | x | xliiii | e | | | | Trãsfiguration nr̃e s[eigneur] | r |
| | | | f | viii | viii | xxiiii | s. panthaleon martir | f |
| xvi | ii | xii | g | xvi | xi | xlix | s. leu confesseur | s |
| v | ix | vi | A | v | ix | xlii | s. maxime vierge | t |
| | | | b | | | | s. germain euesque | v |

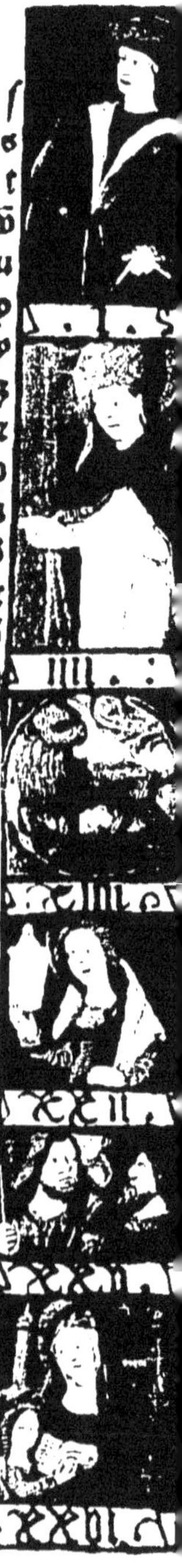

Juillet a xxxi iours. Et la lune xxx

Quisqs sub augusto viuat medicamine iusto.
Raro dormitet estū coitū quoqz vitet
Balnea non curet nec multū comestio duret
Nemo laxari debet vel flebotomari.

| Mil iiii.c.iiii.xx.xiii | | | | Mil v c.et xii. | | | | |
|---|---|---|---|---|---|---|---|---|
| xiii | ix | v | c | [illegible] | iii | xxx | S. pierre apostre | u |
| | | | d | ii | ii | xvii | s.estiẽne pape | x |
| ii | x | v | e | [illegible] | | xxx | s.estienne martir | y |
| x | vi | ii | f | [illegible] | | | s.tertulin martir | z |
| | | | g | [illegible] | | | s.dominique cõfesseur | & |
| xviii | xiii | xxx | A | xviii | o | xlv | s.pasteur martir | ꝯ |
| vii | xxiiii | xvii | b | [illegible] | | | s.donat martir | a |
| xv | viii | lvii | c | [illegible] | v | xliii | s.seuere confesseur | b |
| | | | d | [illegible] | ix | liii | s.romain martir | c |
| iiii | v | v | e | iiii | xvi | li[illegible] | s.laurent martir | d |
| | | | f | [illegible] | iiii | xi | s.susanne vierge | e |
| xii | iiii | ii | g | [illegible] | | | s.machaire.s.iulian | f |
| i | x | xxxvii | A | [illegible] | | | s.ypolite martir | g |
| | | | b | [illegible] | xii | xlviii | s.eusebe confessur | h |
| ix | iii | lvi | c | | | | Assumption nr̃e dame | i |
| | | | d | [illegible] | | | s.arnoul euesque | k |
| xvii | ii | xi | e | xiii | viii | xlii | s.mãmet martir | l |
| vi | x | viii | f | vi | viii | lii | s.helene | m |
| | | | g | [illegible] | | | s.iule martir | n |
| xiiii | vi | xviii | A | xiiii | iiii | xlxi | s.benard | o |
| iii | vi | li | b | iii | o | xlvii | s.priue martir | p |
| | | | c | | | | s.simphorian martir | q |
| xi | iii | xvii | d | xi | x | [illegible] | s.eleazar martir | r |
| xix | viii | l | e | [illegible] | | | s.barthelemi apostre | s |
| | | | f | xix | v | xii | s.loys roy | ſ |
| viii | xi | xvi | g | viii | x | liv | s.zepherin pape | s |
| xvi | ix | lviii | A | xvi | ix | lix | s.cesare euesque | t |
| | | | b | [illegible] | | | s.augustin confesseur | v |
| v | v | iii | c | v | [illegible] | lviii | Decolation saint iehan | u |
| xiii | x | xi | d | xiii | i | liv | s.fiacre confesseur | x |
| | | | e | [illegible] | | | s:paulin euesque. | y |

Aoust a xxxi iours. Et la lune xxix.

Septembre.

Fructus maturi septembris sunt valituri.
Et vira cum vino panis cum lacte caprino
Aqua de vitica tibi potio fertur amica.
Tunc venam pandas species cum semine misce

| Mil iiii.c.iiii.xx.xiii. | | | | Mil v.c.et xii. | | | | |
|---|---|---|---|---|---|---|---|---|
| ii | iii | xxxii | f | ii | ii | xviii | S.gille | z |
| | | | g | v | vi | x | s.iuste confesseur | & |
| x | x | xx | A | | | | s.godegran martir | ? |
| | | | b | | | | s.marcel martir | a |
| xviii | i | xviii | c | xviii | iiii | vii | s.victorin martir | b |
| vii | x | xlvi | d | vii | vi | l | s.zacharie prophete | c |
| xv | v | xl | e | | | | s.iehan martir | d |
| iiii | iii | xliv | f | xv | vi | xxvi | Natiuite nostre dame | e |
| | | i | g | iiii | i | v | s.queran abbe | f |
| xii | viii | xxii | A | vii | v | xxxv | s.hylaire pape | g |
| | | | b | i | x | xliii | s.prothe.s.iacin | h |
| i | iii | v | c | | | | s.sir confesseur | i |
| | | | d | x | v | xxxii | s.philippe euesque | k |
| ix | vii | li | e | | | | Exaltation sainte croix | l |
| xvii | xi | xvii | f | xvii | ix | vii | s.valerian martir | m |
| | | | g | | | | s.eufemie vierge | n |
| vi | vi | xv | A | vi | vi | iii | s.lambert euesque | o |
| xiiii | vi | xviii | b | xiiii | i | xliii | s.ferreue martir | p |
| | | | c | | | | s.ianuier martir | q |
| iii | ix | xxxiii | d | iii | vi | xxxiv | s.eusoge martir | r |
| xi | vii | xxxix | e | | | | s.mathieu apostre | s |
| | | ii | f | vi | iii | xli | s.maurice martir | s |
| xix | xi | viii | g | xix | x | xxix | s.tecle vierge | t |
| viii | x | lvi | A | | | | s.sosemne euesque | v |
| | | | b | viii | iii | xxix | s.frumin euesque | u |
| xvi | vi | xxxv viii | c | xvi | vii | xxxviii | s.cyprian martir | x |
| v | ii | liii | d | v | ii | xxxiiii | s.cosme et damien | y |
| | | | e | | | | s.coupere confesseur | z |
| xiii | ii | x | f | xiii | ii | xv | s.michiel de gargan | & |
| | | | g | ii | ii vi | ix | s.hierome | ? |

Septembre a xxx.iours. Et la lune xxx.

Octobre.

October vina prebet cū carne ferina.
Nec nō aucina caro valet et volucrina
Quãuis sint sana tamē ē replectio vana:
Quãtū vis comede scd nō precordia lede

| Mil iiii.c.iiii.xx.xiii. | | | | Mil v.c.xii. | | | | |
|---|---|---|---|---|---|---|---|---|
| ii | viii | iii | A | v | vi | viii | s.remi confesseur | a |
| | | | b | | | | s.leger martir | b |
| x | iii | xv | c | | | | s.denis martir | c |
| xviii | o | xix | d | xviii | vii | i | s.francoys cōfesseur | d |
| vii | xx | iiii | e | | | | s.germain confesseur | e |
| xv | iiii | xxxvi | f | vii | vii | vi | s.foy vierge | f |
| | | | g | xv | iii | o | s.marc pape | g |
| iiii | v | xxiiii | A | iiii | xi | viii | s.symeon confesseur | h |
| | | | b | vii | ix | xlvii | s.denis martir | i |
| xii | ii | vii | c | | | | s.victor martir | k |
| | | | d | i | iiii | xxvii | s.nichaise confesseur | l |
| i | vii | xli | e | | | | s.eustace prestre | m |
| ix | o | i | f | ix | x | lvi | s.venan abbe | n |
| | | | g | | | | s.caliste martir | o |
| xvii | viii | xxxii | A | xvii | viii | xli | Cinquãte sains mar. | p |
| vi | iii | xliiii | b | vi | iiii | xxxv | Deux cēs septãtes.m. | q |
| | | | c | xiiii | o | liii | s.florentin euesque | r |
| xiiii | ix | xviii | d | | | | s.luc euangeliste | ſ |
| | | | e | iii | i | xxvi | s.sauiniā et potētian | s |
| iii | ii | lv | f | | | | s.caprase martir | t |
| xi | ix | li | g | xi | v | xxxvi | xi mille vierges | v |
| xix | o | xxxi | A | | | | Saincte salome | v |
| | | | b | xix | iii | xxxvii | s.theodorique martir | x |
| viii | ix | liii | c | viii | xviii | xiiii | s.maglore confesseur | y |
| xvi | iiii | lii | d | xvi | v | x | s.crispin et crispiniā | z |
| | | | e | v | o | xvii | s.rustique euesque | & |
| v | iii | xvii | f | | | | s.florence martir | ꝯ |
| | | | g | xiii | v | xx | s.symon et iude | a |
| xiii | viii | xxi | A | | | | s.narcis euesque | b |
| | | | b | | | | s.lucan martir | c |
| ii | iii | viii | c | ii | x | xlv | s.quentin martir | d |

Octobre a xxxi. iours. et la lune xxix

## Nouember

Hoc tibi scire datur q̃ reuma nouembre curatur
Queq̃ nociua vita tua sint presiosa dicta
Balnea cũ venere tunc nullum constat habere.
Potio sit sana valde atq̃ minutio bona.

| Mil iiii. c. iiii. xx. xiii | | | | Mil v. c. et xii | | | |
|---|---|---|---|---|---|---|---|
| x | vii | xlvii | d | v | v | vii | Feste de tous sains |
| | | | e | | | | Le iour aux mors |
| xviii | x | xlvii | f | xviii | viii | iii | Innumerabiles mar. |
| vii | v | xliiii | g | vii | vi | xxviii | s.cler martir |
| xv | vi | xxi | A | | | | s.zacharie prophete |
| iiii | ix | lv | b | xv | i | xxxiii | Feste des dix martirs |
| | | | c | iiii | vi | xxxvi | s.vuellebrod confe. |
| | | | d | vii | iiii | xv | Les quatres coronnes |
| xii. | viii | vii | e | | | | s.vrsin confesseur |
| i | xi | xxv | f | i | vi | v | s.martin pape |
| | | | g | | | | s.martin de tours |
| ix | x | lix | A | ix | iii | lviii | s.leon confesseur |
| xvii | vi | xxxi | b | xvii | vii | xxviii | s:brice confesseur |
| | | | c | | | | s.serapion martir |
| vi | iii | ii | d | vi | ii | xxix | s.macut confesseur |
| | | | e | xiiii | ii | xxxix | s.eleuthere ꝯfesseur |
| xiiii | iii | iii | f | | | | s.aignen confesseur |
| iii | ix | lvi | g | iii | vi | ii | s.roman martir |
| | | | A | [illegible] | [illegible] | [illegible] | s.maxime martir |
| xi | ii | xxvii | b | xi | iiii | xiiii | s.pontian martir |
| xix | o | xxxvii | c | | | | s.columban abbe |
| viii | viii | xvii | d | xix | vii | xlvi | s.cecile vierge |
| | | | e | viii | vii | xxxv | s.clement pape |
| xvi | v | xlii | f | xvi | iii | xvi | s.grisogon martir |
| v | vi | xliii | g | v | xi | xxxvii | s.katherine vierge |
| | | | A | | | | Geneuiefue & marcel |
| | | | b | xiii | xi | xi | s.maxime confesseur |
| xiii | iii | xxxvi | c | | | | s:sostenes |
| ii | viii | lii | d | ii | v | liiii | s.saturni martir |
| x | x | liiii | e | x | o | xxi | s.andre apostre |

Nouembre a xxx. iours. Et la lune xxix.

Decembre

Hanc sunt membris calide res mense decembris.
Frigus vitetur capitalis vena findatur.
Lotio sit vana sed vasis potatio plena
Sit tepidus potus frigori contrarie totus

| Mil iiii. c. iiii. xx. xiii | | | | Mil v. c. et xii. | | | | |
|---|---|---|---|---|---|---|---|---|
| x | x | lx | f | | o | xxi | s. eloy confesseur | g |
| xviii | xiiii | lvi | g | xviii | ix | xvi | s. viuiane martir | h |
| vii | xvi | xv | A | | | | s. gassian martir | i |
| xv | x | xlv | b | vii | v | iii | s. barbe martir | k |
| | | | c | xv | i | xliii | s. crispine martir | l |
| iiii | iiii | xxxiiii | d | | | | s. nicolas confesseur | m |
| | | | e | iiii | ii | xxxvi | s. fare vierge | n |
| | | | f | xii | xi | xxxiiii | Conception nre dame | o |
| xii | o | lvi | g | | | | s. siprian abbe | p |
| i | i | xxviii | A | i | v | vi | s. eulalie vierge | q |
| ix | x | xxxvi | b | ix | vii | xvii | s. victorin & s. fuscian | r |
| | | | c | | | | s. hermogenes m. | s |
| xvii | v | xl | d | xvii | v | xlviii | s. luce vierge | s |
| vi | iiii | xxx | e | vi | i | ii | s. nichaise arceuesque | t |
| | | | f | | | | s. maximian confesseur | v |
| xiiii | x | xix | g | xiiii | vi | lviii | s. valerian & ses con. | u |
| | | | A | | | | s. lazare. s. marthe | x |
| iii | iiii | xiiii | b | iii | o | xl | s. gatian confesseur | y |
| xi | ix | xxi | c | | | | s. cler martir | z |
| xix | xi | xxxiiii | d | xi | vii | xxxix | s. tholome & ses cōpaīgs | & |
| | | | e | xix | x | v | s. thomas apostre | 9 |
| viii | vi | xxx | f | viii | xix | xxii | Trente martirs | a |
| xvi | vii | xiii | g | xvi | ii | xxxiiii | Vintz martirs | b |
| | | | A | | | | Quarāte vierges m. | c |
| v | xi | xlix | b | v | o | lvii | Natiuite nre seigneur | d |
| | | | c | | | | s. estienne prothomartir | e |
| xiii | x | o | d | xiii | vi | xxii | s. iehan euāgeliste | f |
| | | | e | | | | s. innocens | g |
| ii | o | xiiii | f | | i | viii | s. thomas martir | h |
| | | | g | | v | xl | s. sabin martir | i |
| x | o | vi | | | | | s. seuestre pape | k |

**Exposition valeur et signification des lres de la figure tabulaire. & sũt en secũde signe apres les lres dominicales**

Festes mobiles — **Intervalles**

| | Septua gesime en | Pasqs. en | Roga. en | Penthe couste | Denoel a caresm. | | De pẽthe a S. Jehã | | De pẽthe a laduent | |
|---|---|---|---|---|---|---|---|---|---|---|
| | Ianuier | Mars | Auril | May | Se. | iours | Se | iours | Semaines | noel |
| b | xviii | xxii | xxvi | x | v | v | vi | iii | xxix | vendre |
| c | xix | xxiii | xxvii | xi | v | vi | vi | ii | xxix | ieudi |
| d | xx | xxiiii | xxviii | xii | v | | vi | i | xxix | mercred |
| e | xxi | xxv | xxix | xiii | vi | i | vi | | xxix | mardi |
| f | xxii | xxvi | xxx | xiiii | vi | ii | v | vi | xxix | lundi |
| g | xxiii | xxvii | May | xv | vi | iii | v | v | xxviii | dimã |
| h | xxiiii | xxviii | ii | xvi | vi | iiii | v | iiii | xxviii | samed |
| i | xxv | xxix | iii | xvii | vi | v | v | iii | xxviii | vedre. |
| k | xxvi | xxx | iiii | xviii | vi | vi | v | ii | xxviii | ieudi. |
| l | xxvii | xxxi | v | xix | vii | | v | i | xxviii | mercre. |
| m | xxviii | Auril | vi | xx | vii | i | v | | xxviii | mardi |
| n | xxix | ii | vii | xxi | vii | ii | iiii | vi | xxviii | lundi |
| o | xxx | iii | viii | xxii | vii | iii | iiii | v | xxvii | dimãc. |
| p | xxxi | iiii | ix | xxiii | vii | iiii | iiii | iiii | xxvii | samedi |
| q | Feurier | v | x | xxiiii | vii | v | iiii | iii | xxvii | vẽdredi |
| r | ii | vi | xi | xxv | vii | vi | iiii | ii | xxvii | ieudi |
| s | iii | vii | xii | xxvi | viii | | iiii | i | xxvii | mercred |
| t | iiii | viii | xiii | xxvii | viii | i | iii | | xxvii | mardi |
| v | v | ix | xiiii | xxviii | viii | ii | iii | vi | xxvii | lundi |
| A | vi | x | xv | xxix | viii | iii | iii | v | xxvi | dimac. |
| b | vii | xi | xvi | xxx | viii | iiii | iii | iiii | xxvi | samdi. |
| c | viii | xii | xvii | xxxi | viii | v | iii | iii | xxvi | vedre. |
| d | ix | xiii | xviii | Iuing | viii | vi | iii | ii | xxvi | ieudi : |
| e | x | xiiii | xix | ii | ix | | iii | i | xxvi | mercredi. |
| f | xi | xv | xx | iii | ix | i | iii | | xxvi | mardi. |
| g | xii | xvi | xxi | iiii | ix | ii | ii | vi | xxvi | lundi . |
| h | xiii | xvii | xxii | v | ix | iii | ii | v | xxv | dimãc. |
| i | xiiii | xviii | xxiii | vi | ix | iiii | ii | iiii | xxv | samdi. |
| k | xv | xix | xxiiii | vii | ix | v | ii | iii | xxv | vendre |
| l | xvi | xx | xxv | viii | ix | vi | ii | ii | xxv | ieudi |
| m | xvii | xxi | xxvi | ix | x | | ii | i | xxv | mercredi |
| n | xviii | xxii | xxvii | x | x | i | ii | | xxv | mardi. |
| o | xix | xxiii | xxviii | xi | x | ii | i | vi | xxv | lundi. |
| p | xx | xxiiii | xxix | xii | x | iii | i | v | xxiiii | dimãc. |
| q | xxi | xxv | xxx | xiii | x | iiii | i | iiii | xxiiii | samedi |
| r | xxii | | | | | | | | | |

Figure de la lectre tabulaire/ de la q̃lle sa valeur est declaree par deux figures: lune precedente pour les lectres noires. et lautre sequẽte pour les lettres rouges.

| Nõbre dor | i | ii | iii | iiii | v | vi | vii | viii | ix | x | xi | xii | xiii | xiiii | xv | xvi | xvii | xviii | xix |
|---|---|---|---|---|---|---|---|---|---|---|---|---|---|---|---|---|---|---|---|
| | | b | | | b | | | | c | | | d | | | | dd | | | |
| | e | k | i | o | f | f | r | k | d | o | n | b | k | k | o | f | f | l | l |
| | d | g | g | e | c | c | p | o | t | l | t | b | g | g | t | c | c | p | p |
| | t | l | l | q | g | g | m | m | c | h | h | v | l | d | q | h | g | m | m |
| | r | h | h | v | e | e | q | q | a | m | m | r | i | h | n | e | e | q | i |
| | u | f | c | r | i | b | n | n | e | k | i | a | f | f | r | b | b | o | u |
| | e | k | k | o | f | f | l | k | b | o | g | e | k | k | p | f | f | l | l |
| | d | g | g | t | c | c | p | p | t | l | l | q | g | g | t | d | c | p | p |
| | v | l | l | q | h | g | m | m | d | h | h | v | e | d | q | h | a | m | m |
| | r | i | h | v | e | e | q | q | a | n | m | r | i | i | n | e | e | k | i |
| | a | f | f | r | i | b | o | n | c | k | k | a | f | f | a | b | b | o | o |
| | e | k | k | p | f | f | l | l | b | o | g | t | k | k | p | g | f | l | l |
| | c | g | g | t | d | e | p | p | v | l | l | q | h | g | t | d | d | p | p |
| | v | m | l | q | h | h | m | m | d | i | h | v | e | e | q | h | a | n | m |
| | r | i | i | v | c | c | r | q | a | n | n | r | i | i | o | e | e | k | k |
| | a | f | f | e | i | b | o | o | c | k | k | d | f | f | e | c | b | o | o |
| | t | k | k | p | g | f | l | l | c | o | g | t | l | k | p | g | g | l | l |
| | i | h | g | t | d | d | p | p | v | m | l | q | h | b | t | d | d | q | p |
| | v | m | c | q | h | h | n | m | d | i | i | v | e | c | r | h | q | n | n |
| | r | i | i | o | e | e | r | k | a | n | n | e | i | i | o | f | f | k | k |
| | d | f | f | e | c | d | o | o | t | k | k | b | g | f | e | c | c | o | o |
| | t | l | k | p | g | g | l | l | c | h | g | t | l | d | p | g | g | m | l |
| | c | h | h | t | d | d | q | p | v | m | m | q | h | h | n | d | d | q | i |
| | v | m | c | r | h | h | n | n | d | i | i | a | e | c | r | b | u | n | n |
| | e | i | i | o | f | e | r | k | b | n | n | e | k | i | o | f | f | k | k |
| | d | g | f | e | c | c | o | o | t | l | l | b | g | g | e | c | c | p | o |
| | t | l | l | p | g | g | m | l | c | h | h | t | l | d | q | g | g | m | m |
| | i | h | h | v | d | d | q | q | v | m | m | t | h | h | n | e | d | q | n |
| | a | m | c | r | i | b | n | n | r | i | i | a | f | f | r | b | p | n | n |

La figure presente est pour trouver la lettre tabulaire et procede tout comme la figure sequẽte des lr̃es dñicales: Pourquoy cõuiẽt cõgnoistre le nõbre dor pour lan quon veult savoir: et en la ligne qui descent en bas soubz ledit nõbre est la lettre tabulaire: et pareillemẽt de la lettre dominicale en la figure cy apres On doibt scavoir aussi q̃ vng nõbre dor/ vne lettre tabulaire & vne lettre dominicale seruẽt tousious pour vng an. fors quãt est bixeste q̃ sont deux lettres dominicales. aussi deux tabulaires: ainsi que la figure cy deuãt lemonstre. Fault savoir aussi q̃ les lettres dominicales et tabulaires sõt en la premiere ligne soubz le nõbre dor viii pour lan de ce present kalendrier qui est Mil iiii. c. iiii. xx. xviii. et ainsi cõsequẽment des austres.

Figure pour trouuer a tousiours le nombre dor et la lectre dominicale emsemble

| i | ii | iii | iiii | v | vi | vii | viii | ix | x | xi | xii | xiii | xiiii | xv | xvi | xvii | xviii | xix |
|---|---|---|---|---|---|---|---|---|---|---|---|---|---|---|---|---|---|---|
|  | b |  |  | b |  |  | c |  |  |  |  | b |  |  | bb |  |  |  |
| f | e | dc | b | a | g | fe | d | c | b | ag | f | e | d | cb | a | g | f | ed |
| c | b | a | gf | e | d | c | ba | g | f | e | dc | b | a | g | fe | d | c | b |
| ag | f | e | d | cb | a | g | f | ed | c | b | a | gf | e | d | c | ba | g | f |
| e | dc | b | a | g | fe | d | c | b | ag | f | e | d | cb | a | g | f | ed | c |
| b | a | gf | e | d | c | ba | g | f | e | dc | b | a | g | fe | d | c | b | ag |
| f | e | d | cb | a | g | f | ed | c | b | a | gf | e | d | c | ba | g | f | e |
| dc | b | a | g | fe | d | c | b | ag | f | e | d | cb | a | g | f | ed | c | b |
| a | gf | e | d | c | ba | g | f | e | dc | b | a | g | fe | d | c | b | ag | f |
| e | d | cb | a | g | f | ed | c | b | a | gf | e | d | c | ba | g | f | e | dc |
| b | a | g | fe | d | c | b | ag | f | e | d | cb | a | g | f | ed | c | b | a |
| gf | e | d | c | ba | g | f | e | dc | b | a | g | fe | d | c | b | ag | f | e |
| d | cb | a | g | f | ed | c | b | a | gf | e | d | c | ba | g | f | e | dc | b |
| a | g | fe | d | c | b | ag | f | e | d | cb | a | g | f | ed | c | b | a | gf |
| e | d | c | ba | g | f | e | dc | b | a | g | fe | d | c | b | ag | f | e | d |
| cb | a | g | f | ed | c | b | a | gf | e | d | c | ba | g | f | e | dc | b | a |
| g | fe | d | c | b | ag | f | e | d | cb | a | g | f | ed | c | b | a | gf | e |
| d | c | ba | g | f | e | dc | b | a | g | fe | d | c | b | ag | f | e | d | cb |
| a | g | f | ed | c | b | a | gf | e | d | c | ba | g | f | e | dc | b | a | g |
| fe | d | c | b | ag | f | e | d | cb | a | g | f | ed | c | b | a | gf | e | d |
| c | ba | g | f | e | dc | b | a | g | fe | d | c | b | ag | f | e | d | cb | a |
| g | f | ed | c | b | a | gf | e | d | c | ba | g | f | e | dc | b | a | g | fe |
| d | c | b | ag | f | e | d | cb | a | g | f | ed | c | b | a | gf | e | d | c |
| ba | g | f | e | dc | b | a | g | fe | d | c | b | ag | f | e | d | cb | a | g |
| f | ed | c | b | a | gf | e | d | c | ba | g | f | e | dc | b | a | g | fe | d |
| c | b | ag | f | e | d | cb | a | g | f | ed | c | b | a | gf | e | d | c | ba |
| g | f | e | dc | b | a | g | fe | d | c | b | ag | f | e | d | cb | a | g | f |
| ed | c | b | a | gf | e | d | c | ba | g | f | e | dc | b | a | g | fe | d | c |
| b | ag | f | e | d | cb | a | g | f | ed | c | b | a | gf | e | d | c | ba | g |

iiij En ceste figure est a regarder le nõbre dor pour lan quon veult sauoir et en la ligne droit soubz le nõbre dor tousiours est la lr̃e dominicale. c. sus le nõbre dor viii signefie haultes pasques: et quant echiet quil viennẽt ensemble. La feste dieu et saint iehan sont en ung ionr. d. sus xvi signefie les plus basses pasques. ⁊ quant echiet quil viennent ensemble. la chandeleur est le lũdi gras. b. signefie partout ou il est quant echiet auec les nõbre dor, sus lesquelz ẽ La nostre dame de mars le iour du vẽdredi sait. Et est le pdon a nostre dame du puis en aduergne.

Figure perpetuelle pour trouuer pasques
et les austres festes mobiles qui veult

| i | ii | iii | iiii | v |
|---|---|---|---|---|
| a A ix | a M xxvi | a A xvi | a A ix | a M xxvi |
| b A x | b M xxvii | b A xvii | b A iii | b M xxvii |
| c A xi | c M xxviii | c A x viii | c A iiii | c M xxviii |
| d A xii | d M xxix | d A xix | d A v | d M xxix |
| e A vi | e M xxx | e A xx | e A vi | e M xxiii |
| f A vii | f M xxxi | f A xi iii | f A vii | f M xxiiii |
| g A viii | g A i | g A xv | g A viii | g M xxv |

| vi | vii | viii | ix | x |
|---|---|---|---|---|
| a A xvi | a A ii | a A xxiii | a A ix | a A ii |
| b A x vii | b A iii | b A xxiiii | b A x | b A iii |
| c A xi | c A iiii | c A xxv | c A xi | c M xxviii |
| d A xii | d A v | d A xix | d A xii | d M xxix |
| e A xiii | e A vi | e A xx | e A xiii | e M xxx |
| f A xiiii | f A xxxi | f A xxi | f A xiiii | f A xxxi |
| g A xv | g A i | g A xxii | g A viii | g A i |

| xi | xii | xiii | xiiii | xv |
|---|---|---|---|---|
| a A xvi | a A ix | a M xxvi | a A xvi | a A ii |
| b A xvii | b A x | b M xxvii | b A xvii | b A iii |
| c A xviii | c A xi | c M xxviii | c A xviii | c A iiii |
| d A xix | d A v | d M xxix | d A xix | d A v |
| e A xx | e A vi | e M xxx | e A xiii | e A vi |
| f A xxi | f A vii | f M xxxi | f A xiiii | f A vii |
| g A xxii | g A viii | g M xxv | g A xv | g A viii |

| xvi | xvii | xviii | xix |
|---|---|---|---|
| a M xxvi | a A xvi | a A ii | a A xxiii |
| b M xxvii | b A x | b A iii | b A xxiiii |
| c M xxviii | c A xi | c A iiii | c A xviii |
| d M xxii | d A xii | d A v | d A xix |
| e M xxiii | e A xiii | e M xxx | e A xx |
| f M xxiiii | f A xiiii | f M xxxi | f A xxi |
| g M xxv | g A xv | g A i | g A xxii |

Sus la lectre dominicale prouchaine soubz le nombre dor qui court est le iour de pasques pour lan du nombre dor A signefie auril M signefie mars et le nombre apres lesdictes lectres est le quantiesme iour du moys seront pasques Lesquelles trouuez on peult facilemēt sauoir les autres festes mobilles.

# Le kalēdrier des bergiers

nouuellemēt fait. Ou quel sont adioustez plusieurs nouuelletes cōme ceulx qui le verront pourrōt cōgnoistre. Et enseigne les iours, heures, et minutes des lunes nouuelles, et des eclipses de souleil et de lune, la sciēce salutaire des Bergiers que chascun doit sauoir. Leur compost et kalendrier sur la main. en francois et latin tel quilz parlēt entre eulx: Larbre des Vices Larbre des Vertus et la tour de sapiēce figuree: ensemble la phisique et regime de sante diceulx Bergiers. quest nothomye, et flebothomye, Leur astrologie des signes estoilles et planetes: et phizonomye. Et plusieurs choses exquises et difficiles a congnoistre. Lequel compost et kalendrier touchāt les lunes et eclipses est appropue comme doit estre pour le climatz de france au Jugement et congnoissance des Bergiers.

¶ Prologue de lacteur qui a mis le cõpost et kalendrier des Bergiers en forme comme il est

Ung Bergier gardans brebis aux champs qui
nestoit clerc et si navoit aucune congnoissance
des escriptures. mais seulemẽt par son sens na
turel et entendement disoit. Cõbien que vivre
et mourir soiẽt au plesir et volente de nostre sei
gneur si doit lõme naturelemẽt vivre iusques
a lxxii ans ou plus. Sa raison estoit. Autant de temps que lõme
est a venir a force vigueur et beaulte. autant en doit mectre pour
envieillir enfeiblir et aler a neãt. Mais le terme de croistre et venir
lomme en beaulte force et vigueur est. xxxvi. ans doncques lui
en convient autant pour envieillir et tourner a neant et sont. lxxii.

ans que lomme doit ou peult bien viure par cours de nature. Ceulx qui meurent devant cellup terme souvent est par violence et oultraige fait a leur cõplexion et nature, mais ceulx qui viuent plus longuement est par leur bon regime et les enseignemens selon lesquelx ont vescuz et se sont gouvernes. ¶A ce propos de viure et mourir disoit le bergier que la chose laquelle desiroit plus au mõde estoit longuement viure. et celle que crai gnoit plus estoit tost mourir. si travailloit son entẽdement et mectoit sa diligence et cure de savoir et faire les choses possibles et requises pour viure longuemẽt. saynemẽt. et ioyeusemẽt que ce present Cõpost et kalendrier des bergiers enseigne et aprent ¶Disoit aussi que son desir de lõguemẽt viure estoit en son ame laquelle tousiours durera pour quoy vouloit q̃l fut acomply apres sa mort cõme devant. disant. Puis que lame ne meurt point et en elle soit le desir de viure longuement seroit vne paine laquel le dureroit sans fin qui ne viuroit apres la mort aussi cõme devant. Car cellup qui ne viuroit apres mort corporelle nauroit point ce quil a desire: cestassavoir viure longuement et demourroit en paine sans fin quãt na uroit son desir de viure acõply. Si concluoit cellup bergier chose necessaire pour lup et autres savoir et faire ce quapartiẽt pour viure apres la mort cõe devant quant on scet et verite est que cellup qui ne viuroit que la vie de ce monde seulement et vesquit cent ans et plus ne viuroit pas lõgue ment proprement: mais viuroit longuemẽt cellup a qui la fin de ceste vie mortelle seroit commencement de vie eternelle. pour quoy se perforcoit de viure vertueusement pour apres viure glorieusement et pardurablemẽt car cõme disoit. lors on viura sans iamais mourir quãt on aura vie par durable et sera parfait et acomply par ce point et non autremẽt le desir de longuement viure. ¶Congnoissoit aussi cellup bergier que la vie de ce monde est tost passee et que pose quelle soit grande voire pour cellup qui viuroit lxxii ans ou plus: si est elle trespetite et sãs comparaison a la vie que tousiours durera et ne finera point. A laquelle tẽdoit parvenir pour laquelle chose faire viuoit tellement sobrement des petis biens tẽporelx quil avoit que ne perdit point les grãs biens du ciel qui sont eternelx les quelx il actendoit.

Finit le prologue de lacteur du cõpost et kalendrier des bergiers

¶Et ensuyt autre prologue du maistre Bergier: lequel parle: et preuve par autres raisõs ce que cy devãt est dit ainsi que bergiers preuvent et arguent les vngz avec les autres.

¶ Cy parle le bergier par vng prologue cōtenant la diuision de son compost et kalendrier.

On peult aussi sauoir et cōgnoistre par les xii moys de lan et par quatre saisons qui sont. Printemps Este Antompners. que lomme doit viure naturelement lxxii ans ou plus. ¶ Nous bergiers disons que leaige de lomme lxxii ans est comme vng an seul. cōprenant tousiours six ans pour chascun moys de lan. ¶ Et comme lan se change en xii manieres diuerses par les xii moys. ainsi lomme en son eaige se change pareillement de six ans en six ans iusques a xii foys qui font iustemēt lxxii ans que lōme peult viure par court de nature. ¶ Ou qui veult ce cōgnoistre par les quatre saisons doit sauoir que leaige de lōme tout est diuise par quatre parties. lesquelles sont Jeunesse. force. saigsse. Viellesse. et sont chascūe de xviii ans qui tous ensembles font lxxii et se raportent aux quatre saisons de lan par leurs conuenances et similitudes. cestassauoir ieunesse plaisāte au printemps gracieux. force vigoreuse a este chaleureux. saigesse prouffitable a antom de biens plantureux. Viellesse debile a yuers froidureux. Ainsi soit par les xii moys de lan. ou par ces quatre saisons appart que leaige de lõme de xxxvi ans est sẽblable par cõparacion a vng an seul rapportant six ans a vng moys. ou xviii ans a vne des saisons de lan desq̃lles chascune a trois moys. Printemps. a feurier/ mars/ auril. Este. may/ iuing/ iuillet. Autom aoust/ septembre. octobre. yuers. nouembre/ decembre/ ianuier. ¶ Or vendo au propos de monstrer cõme selon les xii moys lõme se change en son temps xii foys. et prenõs premieremẽt six ans pour iãuier lequel na chaleur vertu ne vigueur pour quoy en six nul bien ne croist. La terre ne fait aucũ prouffit de grant valeur. Ainsi lõme apres quil est ne. les six premiers ans est comme Impotẽt sãs force. vertu ne entẽdement pour soy sauoir regir ne gouuerner: ne faire chose qui soit prouffitable. ¶ Mais vient feurier que le temps com mence se eschauffer. les iours croistre. et la terre soy renuerdir. ou quel moys vers la fin commence le printemps doulx et plaisant. Ainsi lõme en autres six ans cõmence venir grant vng peu soy congnoistre doulx et obeissant et plaisant pour seruir et lors il a des ans xii. ¶ Or vient le mars ou quel on labeure sẽme la terre. on plante arbres. et fait edifices. car a telx choses faire est tẽps cõuenable Aĩsi lõme autres six ans est dispose pour receuoir doctrine et apprendre science. en cest temps doit en soy planter vertus et edifier sa vie quelle soit belle et honneste. et adonc a des ans xviii. ¶ Puis vient auril que terre et arbres sont couuers de verdure et emplis de fleurs. et de toutes pars biẽs yssent de terre abondãment. Ainsi lõme autres six ans est couuert de grant beaulte. en fleur de sa ieunesse cõmence venir fort et estre vigoreux si doit fleurir et prandre bon commencement car fleurs sont monstrance des fruictz aduenir. et se doit garder des ventz mausuais et des froidures par quoy si les fleurs perissent fruictz ne viendront point. Mausuais ventz et froidures sont les vices qui empeschent lomme venir a hõneur lors il a des ans xxiiii. ¶ Que vient le moys de may gracieux et plaisant que toute nature se esiouist. oysillons chantent au boys iour et nuit. Arbres se chargẽt de fruictz et terre aussi. le souleil est fort chault et vers la fin este fait son com mancement. Ainsi lõme en autres six ans se doit Jeune, beau/ vertueux, et entrer en chaleur. quiert esbatemens/ danser/ saulter/ et chanter nuit et iour que souuent en oblye le boire et menger si entre en sa grant force et a des ans xxx. ¶ Et vient le moys de iuing que le souleil est mõte en grãt haulteur chaleur. force. et vertu. les iours sont longz plus que peuent estre. Ainsi est lõme autres six ans en grant force: chaleur: vertu: et haulteur de son eaige que plus ne peult. et a des ans trentesix. ¶ Ou iuillet vient que le souleil commence decliner. iours appetissent et fruictz viennent a maturite. Ainsi lomme autres six ans congnoist estre en sa force: et qui commence en aler de

Jeunesse. son eage appetisser. si se meure. et quiert devenir saige. gaigner et amasser pour sa viellesse et a des ans xlii. ¶ Apres vient aoust temps de amasser cueillir et serrer a lostel les bles de terre faucher semer ou quel moys commence antom quon doit amasser les biens. Ainsi lomme est autres six ans prudent et saige. prent diligẽce dacquerir richesses pour vivre le temps que ne pourra gaigner si a des ans xlviii. ¶ Et vient septẽbre que vendẽges sont. fruictz des arbres veullẽt estre cueillis. hõme prudẽt garnit sa maison fait provision des choses necessaires pour vivre en yvers qui approuche. Ainsi lõme autres six ans prosperant en saigesse. propose employer le tẽps que luy reste a vivre en faisant bonnes euvres. et despendre sans exces les biens quil a. tant que luy dovent souffire. car bien scet que le tẽps approche quil devra reposer et a des ans liiii. ¶ Que vient octobre quant tout est amasse. biens sont a lostel. blez. vins. et fruictz. et de rechief on prent a labourer et semer la terre pour lan advenir. et q̃ ne semeroit ne cueilleroit rien Ainsi lomme autres six ans a ce que doit avoir. convient quil se contente: car plus ne gaignera. Se prent servir a dieu. fait penitẽce. et euvres telles quelles soient semẽce des fruictz quil cueillera lan apres son trespas et a des ans lx. ¶ Si vient novẽbre que iours sont petis. le soleil a peu de chaleur arbres se despoillent. terre pert verdeur. yvers cõmence venir ¶ Ainsi lõme autres six ans se congnoist ia vieulx. a perdue sa chaleur. despouillee sa beaulte. sa force. sa vigueur. ses dens louchent. sa veue est debilitee. plus na espoir au monde. son desir art vivre apres sa mort. perseuere pensãt de son salut et a des ans lxvi. ¶ Puis vient decẽbre plain de froidure: de neiges et ventz. si que on tremble de froideur. et ne peult on labourer. le souleil est plus bas que peult descendre. Arbres sont couvers de brume blanche. nest quelque chaleur. force est soy tenir pres des tisõs et despẽdre les bles amassez en antom. Ainsi est lõme autres six ans en froidis que mẽbres luy trẽblent les cheveux blans et chenus ne peult eschauffer. quiert le feu. ou le souleil sil fait chault. veult tost coucher. tart lever. cõgnoist que le temps de son eage est passe car il a des ans lxxii. et sil vit plus longuement tousiours devien dra feible et decrepite et sera par le bon gouvernement de son ieune eage.

¶ A quoy ie dis moy bergier et parlant plus oultre de longuement vivre ou tost mourir que les corps celestieulx y peuent faire avancement. avec le gouvernement bon ou mauluais des hommes par ce que enclinent a faire bien ou mal combien que lomme ny soit cõtrainct. mais y peult resister par sa voulente franche de faire ce quil veult et laisser ce quil ne veult ¶ Sus lesquelles inclinacions est le vouloir de dieu alongissant la vie par sa bonte a qui veult. ou lapetissant pour sa iustice. Pour quoy dõcques en nostre compost et kalendrier sera monstre comme nous bergiers avons congnoissance des cieulx corps celestielx de leurs mouvemens et vertus. ¶ Et est ce present livre nomme compost. car il comprent tout le contenu du compost et plus pour les iours heures et minutes des nouvelles lunes: des eclipses de soleil et de lune. et du signe ou quel la lune est chascu iour que le cōpost nenseigne pas. Et est dit des bergiers: car il est extraict quant a la plus part de noz kalendriers des bergiers. et facile a cōprandre pour gens non clercs. Et si contient doctrine que bergiers et autres gens doibuēt savoir ensembles plusieurs enseignemēs adioustes par celluy qui la mis en livre cōme il est. Lequel cōpost et kalēdrier est divise en v parties principales La premiere est nostre science de compost et kalendrier. La secōde est larbre des vices ensemble la cōminacion des paines pour ceulx qui les auront cōmis. La tierce est voye salutaire des hommes. larbre des vertus et la tour de sapience refuge des bons. La quatriesme est phisique et regime de sante de nous bergiers. Et la cinquiesme nostre astrologie & phizonomie pour cōgnoistre pluseurs fallaces & cautelles du mōde. ceulx qui par nature y sont enclins et scevent faire. Lesquelles parties declairees cōme les entendons sera la fin du present compost et kalendrier.

¶ Cōme on doit entendre le compost et kalendrier des bergiers

Pour avoir cōme bergiers cōgnoissāce de leur cōpost & kalēdrier on doit savoir que lan est mesure du temps que le soleil passe par les xii signes retournāt a son premier point. Et est divise par xii moys qui sont Jāvier/fevrier/mars/avril/may/iuing Juillet/aoust/septembre/octobre/novēbre/decembre. Ainsi le soleil en ses xii moys passe par les xii signes en lan une foys. Les iours de son entree es signes sont signes ou kalēdrier. les iours aussi q̄l en part. Lan dōcques a xii moys. des sepmaines lii. et des iours trois cens lxv et quāt bixeste est lxvi. Ung iour a xxiiii heures. et chascune heure lx minutes ¶ Apres ceste division cōvient savoir pour chascun an trois choses. Le nombre dor la lettre dnīcale et la lettre tabulaire ou gist toute la practique de ce cōpost et kalendrier. Pour lesquelx nōbre et lettre trouver. et entendre pour tout tēps quō vouldra savoir soit passe. ou advenir. serōt mises trois figures tantost apres le kalēdrier. desquelles la premiere monstrera la valeur et declaracion des deux autres. Convient aussi savoir que en iiii ans en y a ung de bixeste leq̄l a ung iour plus que les autres. et aussi il a deux lrēs dominicales signees en une des figures. Et se change ceste lettre le iour saint mathias ou quel sa vigile est mise avec le iour sur une mesme lettre.

¶ Conuient sauoir aussi que les lettres feriales de ce kalendrier sont dēt cōme celles des autres kalendriers. deuāt lesquelles sont trois nōbres. et autres trois apres icelles lettres feriales. Le premier nōbre deuāt les lrēs descendāt bas est le nōbre dor droictemēt sus les iours de la nouuelle lune et les deux qui sont auec sōt heure et la minute dicelle lune. lesquelx quāt sont rouges seruēt pour deuāt midi du iour sur quoy sōt. ⁊ quāt sōt noirs seruēt pour apres midi du iour mesme. mais. o. en lieu de nōbre segnefie que ny a point de nōbre ou il est. Le iour est entēdu depuis vne minuit iusques a lautre minuit. Et seruirōt lesdis nōbres deuāt les lettres feriales xix ans cōplectz iusques a lan mil v cens xii. ou quel an cōmēcera seruir le nōbre dor et les deux autres nōbres apres les lettres feriales tout en la forme cōme ceulx deuant pour autres xix ans. Tout le remenant du cōpost et kalendrier est perpetuel: fors ces deux nombres dor: si dureront ilz xxxviii ans entiers. desquelx lan mil cccc iiii xx et xiii est le premier. Les festes ou kalēdrier sont sur leurs iours desqlles les solēnelles sōt escriptes de rouge et hystoires en la vignete pres laquelle en fin des lignes sur chacun iour est vne lettre de. labc. pour sauoir en quel signe la lune est cellui iour et est dicte lettre des signes. pour laquelle sera mise vne figure deuāt le kalēdrier qui mōstrera cōe on la doit entēdre. ¶ Lan de ce presēt cōpost et kalēdrier ⁊ qˡ a este fait et cōmēce auoir cours le pmier iour de iāuier est M. cccc. iiii xx. et xiii. ou quel court pour nōbre dor xii. La lettre dominicale f et la lettre tabulaire s noire. et si est lan premier du cycle du souleil selon les compotistes. Lesquelles lettre dominicale et tabulaire sont es premieres lignes de leurs figures prouchaines au nōbre dor xii dessus pour lan dit du present compost et kalendrier.

¶ Ceulx qui sceuent le compost practiquent la lettre dominicale par les vers cy dessoubz.

filius / esto / dei / celum / bonus / accipe / gratis.

Item

fructus alit canos el gelica bellica danos
Et genitrix bona dat finis amara cadat
Dant flores anni color eius gaudia busti
Cambit edens griffo boabel dicens fiet agur

¶ Pour situer les moys

A / dam / de / ge / bat / et / go / cy / fos / a / dix / fos.

¶ Pour le nombre dor et la prime lune

Ternus vn din nod octo sex quin qz tres ambo decem dor
Sep tem quin quar tus ducio ta nouem des vi qual

¶ Practique ingenieuse ou compost des bergiers.

Nouuellemēt et subtillemēt bergiers ont trouue pour sauoir le nōbre dor les lectre dominicale et tabulaire vne practique briefue qui sēsuit laquelle pour sa subtilite est difficile. se premierement nestoit mōstree de ceulx qui lentēdent. mais a ce ne cōuiēt sarester ne trauailler pour cause des figures qui tout enseignent et monstrent trouuer et sauoir facilement.

Finis/canos/agur/eius/bona/fructus
Dicens/anni/et/bellica, griffo/dant/amara.
El cambit/gaudia/dat/alit/fiet/color
Genitrix/danos/boabel/flores/cadat/gelica
Edens/busti

¶ Quatre secretz du compost des bergiers.

Mobilis alta dies. c. currens aureus octo
Sex deno cum. d. non erit inferior
D. veneris sancta sed quinqz tres ambo maria
Nec erit in toto dicens similis simul octo

¶ Le kalendrier sus la main pour sauoir
les festes. et quelx iours elles sont.

Qui veult sauoir le kalendrier Sus la main comme le bergier
Quant et quel iour il sera feste Ce qui sensuit mecte en sa teste
Auant tout euure sans songe. A. b. c. d. e. f. g.
Les iours de lan tous par ces sept Lectres sōt cōgnus chascū scet
Vne est pour dimēche tousiours Six autres sōt pour les vi iours
Et es ioinctures doibuent estre Assises en la main senestre
Des quatre doys cest tout apoint Le poulce cōprins ny est point
Toucher on les doit de la main Dextre: pour estre plus certain
A. b. c. sont hors main . g. sus. D. e. f. dedens sont inclus
Apres tātost cōuient sauoir Quel lieu chascun moys doit auoir
A. petit second dan. de. g. doy. E. g. c. sont au moyen doy
F. a. metz ou medicin. D. f. ou petit prennent fin.
Januier est sus a. du petit Doy assis a son appetit:
Feurier et mars sont se me semble Sus d. du second doy ensēble
Auril sus g. sus le b. may Qui tout temps est ioyeulx et gay
Juing est sus e. du doy milieu Juillet sus g. cest son droit lieu
Et aoust sus c. puis apres vient Septembre que loger cōuient
Sus f. du quatriesme doy Octobre sus a. cest pour soy:
Apres il fault mectre nouembre Sus d. et sus f. decembre.
Du petit doy pour abreger Douze moys fault ainsi loger.

¶ Apres bian. pen. croix. luce. quatre temps
¶ As pour ieuner sans faillir en nul temps.

¶ En deux des signes cy dessoubz sont autant de sillabes comme sont de iours ou moys au quel seruent. on les doit asseoir sus autant de ioinctures de la main senestre chascune sillabe sus une ioincture

¶ Janvier

En. ian. uier. que. les. roys. de. nus. sont. Glau. me. dit. fre. min. moi. fōt
An. thoi. ne. seb. ag. Vin. cent. boit. Pol. doit. plus. quon. ne. luy. doit

¶ Feurier

A. chan. de. leur. a. gath. vient. A. pa. ris. p. men. sou. uient.
Et. iu. li. en. de. pois. sy. Pier. re. ma. thi. as. aus. si

¶ Mars

Au. bin. dit. que. mars. est. pil. leux. Cest. mon. fait. gri. go. ret. fail. leux
Quen. se. rons. nous. de. noist. a dit. Ma. rie. point. ne. res. pon. dit

¶ Auril

En. a. uril. am. broi. se. beu. uoit. Du. mal. leur. vin. quil. a. uoit
Quant. vint. qui. tout. a. che. ta. Gor. ge. marc. hans. et. le. pap. a

¶ May

Ja. ques. croix. dient. que. ian. ses. may. Ni. co. las. dit. il. est. vray
Sai. ges. et. sotz. hon. no. res. sont. Quant. vr. bain. et. ger. main. le. sont

¶ Juing

En. iuing. on. a. bien. sou. uent. Grant. soif. ou. bar. na. be. ment
En. ce. temps. vien. dient. de. myt. re. Dou. ian. e. loy. son. filz. pier. re

¶ Juillet

En/iuil/let/mar/tin/se/com/bat/Et/du/be/noi/tier/saint/vast/bat
La/sour/uint/mar/guet/mag/de/lain/Cri/sto/fle/ba/ston/en/main

¶ Aoust

pier/res/es/tien/ne/gec/toit/A/pres/lau/rent/qui/bru/loit
Ma/rie/print/cry/er/et/bray/re/Que/bar/the/le/my/fit/ian/fai.re

Septembre

Gil/les/ad/ce/que ie/vois/Ma/ries/toy/se/lu/me/croix
Et/prie/de/tes/nop/ces/ma/thieu/Son/filz/fre/min/cos/met/mi/chieu

¶ Octobre

Re: mys: sont: fran. coys: en: vi: gueur: De: nis: nen: est: pas: bien: as: seur
Car: luc: est: pri: son: nier: a: han: Cres: pin. et: sy: mon: a: quen

¶ Nouembre

Saint: mois: sont: les: gens: bien: eu: reux: Con: dit: mar: tin: bri: a: tux
Lois: ai: gnen: vint: de: mis: lan: Cle: ment: sia: re: ri: ne: sat: an

¶ Decembre

Et loy: fait: bar: ba: co: lart: Ma: rie: se: plaint: que: lu: cet: art
Don: par: grant: i: re: tho: mas: mut: De: no: es: ian: in: no: cent: fut

¶ Sensuiuent les ditz des xii moys de lan et comme
chascun moys se loue daucune belle propriete quil a

¶ Premierement Januier
dit ce qui sensuit

¶ Januier

Je me fais ianuier appeller Le plus froit de toute lannee
Mais si me puis ie bien venter Que ma saison fut approuuee
La foy de dieu y fut ordonnee Car en mon temps fut circoncis
Jhesus: et si fut demonstree Aux trois roys lestoille de pris

¶ Feurier

Et ie suis feurier le hardy Du quel moys la vierge royal
Ala au temple des iuifz faire present especial
La presenta le doulx aignal Dedans les bras de symeon
Prions sa maieste royal Qui garde de france le nom

¶ Mars

Je suis noble mars flourissant Tresgentil et tresvertueux
En moy vient bien fructifiant Car ie suis large et planteureux
Et kiaresme le glorieux Est en mon regne: si vous dis
Que suis en mon temps vigoreux Pour auancer mes bons amis

¶ Auril

Je suis auril le plus ioly De tous en honneur et vaillance
Car en mon temps fut conf[r]anchy Le monde du fer dune lance
Par la saincte digne souffrance De dieu qui le monde crea
On en doit auoir souuenance Et si en mon temps resuscita

¶ May

De pareil a moy encor point na En toute ceste assemblee
Car qui bien nommer me saura Je suis le franc roy de lannee
Je suis le may par qui paree Est mainte belle damoiselle
Et en mon temps fut approuuee Des docteurs toute la querelle

¶ Juing

Chascun scet ma saison est belle Je suis le moys de iuing nomme
Qui faiz tondre la chose est telle Brebis moutons a grant plante
En mon temps doit estre loue Celluy qui tant de biens enuoye
Car en mon temps en verite Habondent les biens a monioye

¶ Juillet

Et ie croy se ie vous disoye Les valeurs qui sont en mon fait
Que point creu de vous ne seroye Moy qui suis le moys de iuillet
Je suis ioyeulx a peu de plait Pour tretous biens faire meurir
Si doit on bien de cueur parfait En mon temps ihesucrist seruir

## Aoust

Je suis aoust ou quel: nul loysir Ne doit prendre ne seiourner
Faucher fener sans grant loysir Mectre en granche batre vanner
Et si deues matin leuer Pour prier le roy redempteur
Jhesus: qui vous doint seiourner Pour auoir des cieulx la teneur

## Septembre

Je me faiz septembre appeller Plain de tous biēs en tous endroiz
On peult en ma saison trouuer Froment vin auoynes et poys
Tous abreges par vnefoys Si doit chascun par grant raison
Aduiser quil soit tant peu soyt Pourueu de toute garnison

## Octobre

Celuy qui de moy se remembre De doit resiouir grandement
Car nōme suis le moys doctobre Qui fait cueillir vin de serment
Dont on fait le saint sacrement Sus lautel en mainte contree
Et quant ie fays bon vin vrayemēt Ma saison doit estre louee

## Nouembre

Je faiz alumer maint tyson Nouembre su s qui regne a plain
Toute personne de facon Doit penser dauoir vin et pain
Et doit prier au souuerain Roy des cieulx pour son saulument
Car en mon tēps est tout certain Que tout meurt naturellement

## Decembre

Je suis decembre le courtoys Que sus tous dois estre loue
Quant en mon temps le roy des roys Fut de la vierge enfante
Et deliure de son coste Don le monde fut resiouy
Donneur ay tous autres passe Quāt en mon tēps ihesus nasqui

## Nombre des iours de chascun moys

Auril iuing et aussi septembre Ont xxx iours auec nouembre
Sept en ont chascū plus vng iour Feurier ii moins cest son droit cour

## Les quatre saisons de lan et leurs commancemens

Quatre saisons tu as en lan La premiere cest le printemps
Doulx. et apres le temps deste Autom tiers a biens a plante
Mais quatriesme est le temps dyuers A poures gens fier et diuers
Quāt printemps vient couuers de fleurs Il est de diuerses couleurs
Et veult faire commancement A la my feurier droictement
Et en my may commence este Plain de chaleur et de beaulte
Autom en aoust vers le milieu Commence car cest son droit lieu
Yuers ne fault point ny ne ment Tous les ans le iour saint clement
Et qui veult du compost sauoir Plus. le kalendrier doit veoir
Ou par figures sans tarder Verra tout quon peult demander

Figure pour sauoir en quel signe la lune est chascun iour. et est declaration de la lectre des signes du kalendrier cy apres

| Nombre dor | i | ii | iii | iiii | v | vi | vii | viii | ix | x | xi | xii | xiii | xiiii | xv | xvi | xvii | xviii | xix |
|---|---|---|---|---|---|---|---|---|---|---|---|---|---|---|---|---|---|---|---|
| Aries | y | n | c | v | l | ꝯ | ſ | h | z | p | e | u | m | a | s | i | ꝛ | q | f |
| Aries | z | o | d | u | m | a | s | i | ꝛ | q | f | x | n | b | t | k | ꝯ | r | g |
| Aries | ꝛ | p | e | x | n | b | t | k | ꝯ | r | g | y | o | c | u | l | a | ſ | h |
| Taurus | ꝯ | q | f | y | o | c | v | l | a | ſ | h | z | p | d | v | m | b | s | i |
| Taurus | a | r | g | z | p | d | u | m | b | s | i | ꝛ | q | e | x | n | c | t | k |
| Gemini | b | s | h | ꝛ | q | e | x | n | c | t | k | ꝯ | r | f | y | o | d | v | l |
| Gemini | c | ſ | i | ꝯ | r | f | y | o | d | v | l | a | ſ | g | z | p | e | u | m |
| Cancer | d | t | k | a | ſ | g | z | p | e | u | m | b | s | h | ꝛ | q | f | x | n |
| Cancer | e | v | l | b | s | h | ꝛ | q | f | x | n | c | t | i | ꝯ | r | g | y | o |
| Leo | f | u | m | c | t | i | ꝯ | r | g | y | o | d | v | k | a | ſ | h | z | p |
| Leo | g | x | n | d | v | k | a | ſ | h | z | p | e | u | l | b | s | i | ꝛ | q |
| Leo | h | y | o | e | u | l | b | s | i | ꝛ | q | f | x | m | c | t | k | ꝯ | r |
| Virgo | i | z | p | f | x | m | c | t | k | ꝯ | r | g | y | n | d | u | l | a | s |
| Virgo | k | ꝛ | q | g | y | n | d | v | l | a | ſ | h | z | o | e | v | m | b | ſ |
| Libra | l | ꝯ | r | h | z | o | e | u | m | b | s | i | ꝛ | p | f | x | n | c | t |
| Libra | m | a | ſ | i | ꝛ | p | f | x | n | c | t | k | ꝯ | q | g | y | o | d | v |
| Scorpio | n | b | s | k | ꝯ | q | g | y | o | d | v | l | a | r | h | z | p | e | u |
| Scorpio | o | c | t | l | a | r | h | z | p | e | u | m | b | ſ | i | ꝛ | q | f | x |
| Sagita | p | d | v | m | b | ſ | i | ꝛ | q | f | x | n | c | s | k | ꝯ | r | g | y |
| Sagita | q | e | u | n | c | s | k | ꝯ | r | g | y | o | d | t | l | a | ſ | h | z |
| Sagita | r | f | x | o | d | t | l | a | ſ | h | z | p | e | v | m | b | s | i | ꝛ |
| Capricor | ſ | g | y | p | e | v | m | b | s | i | ꝛ | q | f | u | n | c | t | k | |
| Capricor | s | h | s | q | f | u | n | c | t | k | ꝯ | r | g | x | o | d | v | l | [illegible] |
| Aquarius | t | i | ꝛ | r | g | x | o | d | v | l | a | ſ | h | y | p | e | u | m | [illegible] |
| Aquarius | v | k | ꝯ | ſ | h | y | p | e | u | m | b | s | i | z | q | f | x | n | c |
| Pisces | u | l | a | s | i | z | q | f | x | n | c | t | k | ꝛ | r | g | y | o | d |
| Pisces | x | m | b | t | k | ꝛ | r | g | y | o | d | v | l | ꝯ | ſ | h | z | p | c |
| Pisces | y | n | c | v | l | ꝯ | ſ | h | z | p | e | u | m | a | s | i | ꝛ | q | f |

Par la figure cy dessus on cõgnoist en quel signe la lune est chascun iour et est declaracion des lectres dun abc qui sont ou kalendrier vers la fin des lignes et sont nõmees lr̃es des signes. pour quoy soit premier notee la lectre du kalẽdrier sus le iour quon veult sauoir. ap̃s soit trouuee icelle lectre en la figure cy dessus en la ligne descẽdãt bas soubz le nõbre dor qui court puis on regarde en teste des lignes ou sont escrips les noms des signes et celluy qui regarde du trauers de la figure droictement ladicte lectre cest cellup ou quel la lune est cellup iour. Et ainsi cõme vng nombre dor seul sert pour vng an aussi sert la ligne seule dessoubz cellup nombre pour le mesme an comme lan de ce kalendrier nous auõs xii pour nõbre dor. la ligne soubz xii seruira tout ledit an. et quant nous aurons xiii la ligne soubz xiii seruira lan de xiii. et ainsi des autres.

Ut celum signis presurgens est duodenis
Sic hominis corpus assimilatur eis
Nam caput et facies Aries sibi gaudet habere
Gutturis et colli ius tibi Taure defur
Brachia cũ manibus Geminis sũt apta decẽter
Naturam Cancri pectoris aula gerit
At Leo vult stomacũ renes sibi vendicat idem
Sed intestinis Virgo preesse petit
Ambas Libra nates: ambas sibi vẽdicat hãcas
Scorpio vult anum vult q; pudenda sibi
Inde Sagitarius in coxis vult dominari
Amborum genuum vim Capricornus habet
Regnat in Aquario crurium vis apta decenter
Piscibus est demum congrua planta pedum.

Saturnus niger Jupiter viridis Mars rubeus est Sol croceus Venus albus Mercurius Luna varii sunt. et dum quisquis regnat nascitur puer sic coloratus.

Cest a dire que les douze signes dominient le corps de homme diuise par douze parties comme est par iceulx signes diuise le firmament et chascun signe regarde et gouuerne sa partie du corps ainsi quil est dit cy dessus et apres sera monstre par figure et declaire plus amplemẽt. Et pareillemẽt des planetes est dit de leurs couleurs. mais de leurs natures et proprietes. et des parties du corps quelles gouuernent ou regardent plus au plain sera dit apres aussi.

Le dit de Januier.

Je me faiz Januier appeller Le plus froit de toute lannee

Mais si me puis ie bien vanter Que ma saison fut approuuee

La foy de dieu y fut ordonnee Car en mon temps fut circoncis

Jhesus: et si fut demonstrer Aux trois roys lestoille de pris.

M cccc iiiixx vi
eclipse de soleil
may xiiii iours
une heure
xlviii minutes

M.cccc.iiiixx vii
eclipse de soleil
octobre xxi iours
vi heures
xli minutes

M.cccc.iiiixx viii
eclipse de lune
avril ii iours
une heure
xxxvii minutes

M.cccc.iiiixx viii
eclipse de soleil
octobre x iours
ii heures
vii minutes

M.cccc.iiiixx viii
eclipse de soleil
mars vii iours
ii heures
xx minutes

M.cccc.iiiixx viiii
eclipse de lune
mars xvii iours
ii heures
xvii minutes

M.cccc.iiiixx viiii
eclipse de lune
septẽbre xv iours
vii heures
xxiiii minutes

Itẽ iiiixx xvii
eclipse de lune
ianvier xviii
vi heures
xvii minutes

M.cccc.iiiixx xvii
eclipse de soleil
iuillet xxix
ii heures
xii minutes

M.v cens
eclipse de lune
novẽbre vi iours
une heure
xli minutes

M.v cens ung
eclipse de lune
may iii iours
v heures
xxviii minutes

M.v cens ii
eclipse de soleil
premier octobre
viii heures
lvii minutes

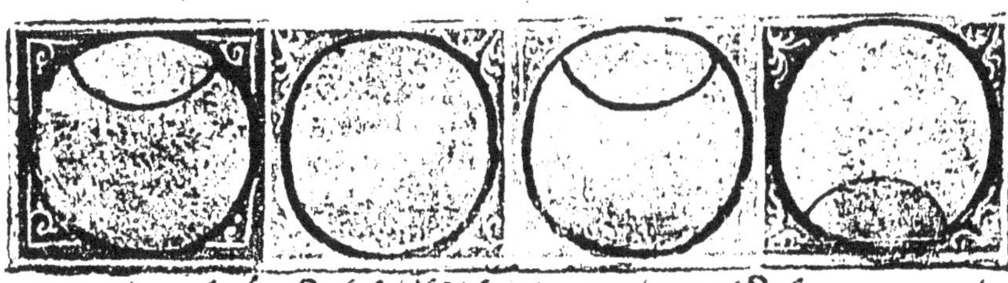

Toutes eclipses de soleil sõt faictes par iour et de lune par nuit

M. v cens ii
eclipse de lune
octobre xv iours
xi heures
lviii minutes

M. v cens iiii
eclipse de lune
mars premier
iour une heure
xliii minutes

M. v cens v
eclipse de lune
aoust xiiii iours
vii heures
lvii minutes

M. v cens vi
eclipse de soleil
iuillet xx iours
deux heures
dix minutes

M. v cens viii
eclipse de lune
iuing xiiii iours
v heures
ung minute

M. v cens ix
eclipse de lune
iuing ii iours
dix heures
l minutes

M. v cens xi
eclipse de lune
octobre vi iours
xi heures
xli minutes

M. v cens xiii
eclipse de soleil
mars vii iours
xi heures
xii minutes

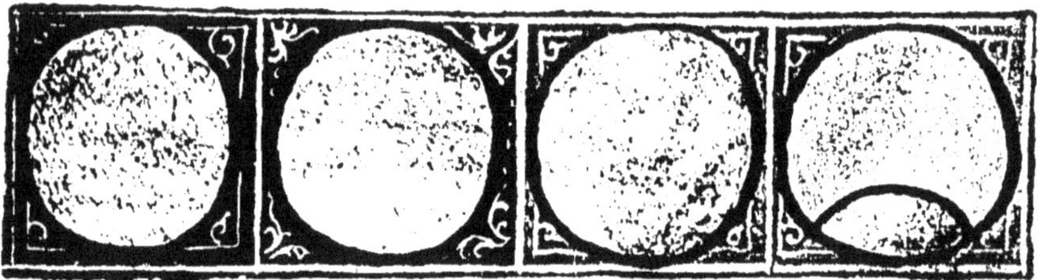

M. v cens xv
eclipse de lune
iāuier xxx iours
deux heures
lviii minutes

M. v cens xvi
eclipse de lune
iāuier xix iours
v heures xxxix
minutes apres midi

M. v cens xvi
eclipse de lune
iuillet xiii iours
xi heures xviii
minutes

M. v cens xvi
eclipse de soleil
xxiiii decembre
deux heures
xxiiii minutes

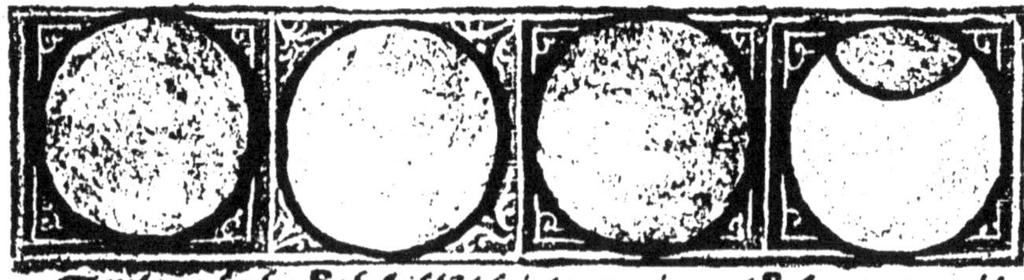

Toutes eclipses de soleil sōt faictes par iour et de lune par nuit

M.v ce ix xviii
eclipse de lune
may xxiiii iours
xi heures
une minute

M.v cens xviii
eclipse de soleil
iuing viii iours
vi heures
xlv minutes

M.v cens xix
eclipse de lune
nouẽbre vi iours
vi heures
v minutes

M.v cens xx
eclipse de soleil
octobre xi iours
iiii heures
xxvii minutes

M.v cens xx
eclipse de lune
octobre xxvi iours
iiii h eures
xxvii minutes

M.v cens xxii
eclipse de lune
septẽbre v iours
xi heures
lvi minutes

M.v cens xxiii
eclipse de lune
mars p̃mier iour
viii heures
ix minutes

M.v cens xxiiii
eclipse de lune
aoust xxvi
ii heures
lv minutes

M.v cens xxv
eclipse de lune
iuillet iiii iours
ix heures
li minutes

M.v cens xxv
eclipse de lune
decẽbre xxix
ix heures
xlvii minutes

M.v cens xxvi
eclipse de lune
decembre xviii
x heures
x minutes

M.v cens xxx
eclipse de lune
octobre vii
xi heures
li minutes

Toutes eclipses de soleil sõt faictes par iour et de lune par nuit

| | | | |
|---|---|---|---|
| M.v cens xxxii<br>eclipse de soleil<br>aoust xxx iours<br>xii heures<br>lvi minutes | M.v cens xxxiii<br>eclipse de lune<br>aoust iiii iours<br>xi heures<br>xii minutes | M.v cens xxxiii<br>eclipse de soleil<br>aoust xx iours<br>iiii heures<br>xxv minutes | M.v cēs xxxiiii<br>eclipse de soleil<br>ianuier xiiii<br>une heure<br>xli minutes |

| | | | |
|---|---|---|---|
| M.v cens xxxiiii<br>eclipse de lune<br>ianuier xxx iours<br>deux heures<br>xxvii minutes | M.v cēs xxxv<br>eclipse de soleil<br>iuing xviii iours<br>deux heures<br>iii minutes | M.v cens xxxvi<br>eclipse de lune<br>nouembre xxvii<br>xi heures<br>vi minutes | M.v cēs xxxvii<br>eclipse de lune<br>may xxiiii iours<br>viii heures<br>viii minutes |

| | | | |
|---|---|---|---|
| M.v cēs xxxviii<br>eclipse de lune<br>nouembre xvii<br>ii heures<br>lii minutes | M.v cēs xxxviii<br>eclipse de lune<br>may xiiii iours<br>ii heures<br>xxi minutes | M.v cens xxxix<br>eclipse de soleil<br>auril xviii iours<br>iiii heures<br>xxi minutes | M.v cens xl<br>eclipse de soleil<br>auril vi iours<br>v heures<br>xvi minutes |

Toutes eclipses de soleil sõt faictes par iour et de lune par nuit

M.v cens xli
eclipse de lune
mars xii iours
iiii heures
xii minutes

M.v cens xli
eclipse de soleil
aoust xxi iour
xli minutes

M.v cens xlii
eclipse de lune
mars premier
viii heures
xl minutes

M.v cens xlii
eclipse de soleil
aoust xi iours
xi heures
xlviii minutes

M.v cens xliiii
eclipse de lune
ianuier x iours
v heures
viii minutes

M.v cens xliiii
eclipse de soleil
iãuier xxiiii iours
ix heures
ix minutes

M.v cens xliiii
eclipse de lune
iuillet iiii iours
viii heures
xxiii minutes

M.v cens xlv
eclipse de soleil
iuing ix iours
viii heures
xl minutes

M.v cens xlvii
eclipse de lune
may iiii iours
x heures
xviii minutes

M.v cens xlvii
eclipse de lune
octobre xxviii
iiii heures
xl minutes

M.v cens xlviii
eclipse de lune
auril xxii iours
xi heures
xlix minutes

M.v cens xlix
eclipse de lune
auril xii iours
ii heures
xlviii minutes

¶ Toutes eclipses de soleil sõt faictes par iour et de lune par nuit

¶ Poculis ianus amat

Tangere mira caue cum luna videbit Aquosum. Insere tunc plantes: excelsas erige turres. Et si carpis iter tunc tardius ad loca transis

¶ Februus algeo clamat

Piscis habēs lunam noli curare podagram. Carpe viam tutus sit potio modo salubris

¶ Marcius arua colit

Nil capiti noceas Aries cum luna refulget. De vena minuas et balnea tucius intres. Non tangas aures nec barbam radere debes

¶ Aprilis florida prodit

Arbor plantetur cū luna Thaurus habetur. Nō minuas. tamen edifices nec semina sperges. Et medicus caueat cum ferro tangere collum

¶ Ros et flos nemorum: Maio sunt fomes amorum

Brachia non minuas cū lustrat luna Gemellos. Vnguibus et manibus cum ferro cura negetur. Nunquam portabis a promissore petitum

¶ Dat Iunius fena

Pectus pulmo iecur in Cancro non minuantur Somnia falsa vides Vtilis sit emptio rerum Potio sumatur securus perge viator

¶ Iulio resecatur auena

Cor grauat et stomachum cum cernit luna Leonem. Non facias vestes nec ad conuiuia vadas Et nil ore vomas nec sumas tunc medicinam

¶ Augustus spicas

Lunam virgo tenens vxorē ducere noli. Viscera cū costis caues tractare cruorem. Semen detur agro: dubites intrare carinam

¶ September colligit vuas

Libra lunam tenens nemo genitalia tangat Aut renes nates: nec iter carpere debes. Extremam partem libre cum luna tenebit

¶ Seminat October

Scorpius augmentat morbos in parte pudenda. Vulnera non cures caueas ascendere naues Et si carpis iter timeas de morte ruinam

¶ Spoliat virgulta nouember

Luna nocet femori per partes motu Sagitte. Vngues vel crines poteris presindere tute. De vena minuas et balnea tucius intres

¶ Querit habere cibum: porcum mactādo december

Capra nocet genibus ipsam cū luna tenebit. Intrat aqua nauem cādus curabitur eger Fundamenta ruunt modicum tunc durat idipsum

¶ Epilogus sequitur omnium supradictorum

Que viri antiqui potuerunt scribere libris
Decurrendo posum constanti mente rotundum
Aereasqꝫ domos tentando et spdera cuncta
Queqꝫ fluunt ex his et quomodo sol moueatur
Intus habes collecta breui compendio et arte

De duodecim signis

Signorum princeps aries et taurus et vrna
Tindaride iuuenes: et feruida brachia cancri
Herculeusq; leo nemee pauor astraq; virgo
Libra iugo equali pendens. et scorpius acer.
Centaurusq; senex chiron et cornua capri
Dilectusq; ioui puer: et duo sydera pisces

Idem de signis

Corniger in primis aries: et corniger alter
Taurus: at gemini: sequitur quos cancer adustus
Terribilisq; fere species et iusta puella
Libra simul nigrum ferens in acumine virus
Centaurusq; biformis adest: pelagiq; puella
Et q portat aquã puer vrniger et duo pisces

De quattuor partibus anni

De vere

Verq; nouum stabat cinctum florente corona
Pingens purpureo vernancia prata colore
Per placidum vario nectit de flore coronas
Vere nouo letis decorantur fontibus arua
Veris honos tepidũ floret: vere omnia riden

De estate

Stabat nuda estas et spicea serta gerebat
Horrida ethiopis signis imitata figuram
Scandit agros estas phebeis ignibus arden
Frugiferas atris fert estas torrida messes
Flãma ceres estatis habet sua tempore regna

De autumno

Stabat et autũnus calcatis sordibus vue
Labia per autũnũ musto spumancia feruent
Pomifer autũnus tenero dat palmite fructũ
Vite coronatas autũnus degrauat vlmos
Fecundos autũne lacus de vitibus imples

De yeme

Stabat hyẽs glacie canos hirsuta capillos
Cunis niv humeros circũdat fluminaq; mõtem
Precipitat: sperq; riget glacie horrida barba
Albentes hec durat aquas et flumina nectit
Tristis hyems niueo mõtes velamine vestit

Finit la premiere partie du compost et kalendrier des bergiers

Cy est la seconde partie du compost et kalendrier des bergiers. Larbre des vices. et paines denfer.

Au nom du pere et du filz et du saint esperit Densuit larbre des vices et miroer des pecheurs a veoir et cognoistre leurs pechez. Lequel arbre est divise en sept parties pricipales selon les sept peches morteulx. Car comme si ung arbre auoit sept grosses branches. et chascune branche plusieurs reinseaulx. Ainsi larbre des vices a sept parties principales qui sont sept peches capitaulx. des quelles parties chascune pourroit estre dicte ung arbre par soy. et ainsi seroient sept arbres lesquelx nous comprenons tous en ung par ce que tous maulx sont mal et viennent dun comencement premier qui est du dyable et tendent en une fin derreniere cest damnation pour ceulx qui ny remedient par penitence en temps et a heure. Et contient cestuy chapitre deux parties principales. La premiere est larbre des vices et peches. La secode sont les paines denfer par lesquelles pecheurs seront pugnis. Chascun peche mortel est divise par plusieurs branches Lesquelles divisees par rainseaulx ou petites branchetes toutes sont peches qui naissent et viennent les ungz des autres comme ceulx qui verront leuure presente pourront congnoistre et entendre. Pour ce fait et compose affin que simples gens y congnoissent leurs vices et pechez pour mieulx les sauoir par confession mettre hors de leurs consciences Lesquelles doiuent estre maison de dieu. Si que les vertus y puissent croistre et fructifier bon soient aournees et parees tellemet que iesucrist lespoux des ames y veulle habiter et demourer auec ses espouses qui est la fin pour laquelle cestuy arbre des vices est fait et compose

La premiere grosse brache de cest arbre des vices est orgueil. et pourroit estre ung arbre par soy diuise. par. xvii. branches capitales nommees Vaine gloire de soy. Vaine gloire du siecle. Soy glorifier dauoir fait mal. Jactance. Jnobedience. Desdaing. Tempter dieu. Excees. Mesprisement. Faulse honte. Durte. Presumption. Rebellion. Obstination Pecher scientement. Communier en peche. Honte de faire bien. Des quelles branches: mais de chascune dicelle naissent trois estocs. et de chascun estoc trois petites branches qui sont en somme cent cinquante trois manieres par quoy on peult commettre le peche dorgueil. Qui est le premier du quel y sera parle premieremet et cosequemment des autres en semblable maniere.

¶ La premiere branche dorgueil

Vaine gloire de soy

- Querir sa gloire non celle de dieu
  - Quant on cuide ses biens quon a les auoir de soy
  - Ou que telz biens soient deuz pour merites
  - Nõ cuide plꝰ auoir ou sauoir quõ na ou quõ ne scet
- ypocrisie
  - Dissimuler par paroles estre meilleur quon nest
  - Sembler par euures estre ce quon nest pas
  - Querir louenge de son bienfait, ou de lautruy
- Soy mespriser po͛ auoir gloire
  - Mespriser son bienfait affyn quon soit plus prise
  - Repentir dauoir bienfait son ney a este loue
  - Soy mespriser pour auoir plus grant louenge

¶ La seconde branche dorgueil

Vaine gloire du siecle

- pour les richesses
  - Quant pour les auoir on cuide estre meilleur
  - Ou se sans les auoir on cuide estre pire
  - Auoir honte de nauoir bien toutes ses necessites
- Pour les põpes
  - Soy delecter en ayant grande famille
  - Soy esiouir est gestes de son corps
  - Ou en facon et multitude de ses habis
- Pour les honneurs
  - Quãt on quiert estre honnore dautres que des siẽs
  - Vouloir honneur pour estre plus crain et doubte
  - Ou pour que lon die quon soit trespuissant

¶ La tierce branche dorgueil

Gloire du mal

- Raconter ses peches
  - Affin destre prise des mauluais et meschans
  - Ou monstrer quon est prompt a mal faire
  - Delectant la recordation des ses maulx fais
- Sesiouyr destre mauluais
  - Par ce quon ayme lamour du siecle
  - Ou car on ne doubte point dieu
  - Ou car on nayme point dieu du cueur
- Nauoir honte destre mauluais
  - Car on ne scet quest vertus ou quest peche
  - Non soy humilier quon ne soit dit vainais
  - Pour estre veu glorieux, en faisant mal

¶ La quarte branche dorgueil

Iactance

- Soy louer
  - Apertement et deuant chascun ou plusieurs
  - Secretement deuant vng ou par soy mesme
  - Querir les occasions pour estre loue seulement
- Soy monstrer meileur quõ nest
  - En celant ses maulx que ne soient veuz
  - Racontant ses bienfais, pour estre sceuz
  - Ou les celant pour que soient dis plus grans
- cuider estre saige et ne lestre pas
  - En estant grant au iugement de soy seulement
  - En mesprisant le sauoir dautruy
  - Presumãt de ses propres vertus sãs grace de dieu

## La cinquiesme branche dorgueil

**Inobedience**

- Apertement contredire
  - Mesprisant son prelat ou ceulx qui sont sus soy
  - Mesprisant le merite qui vient de obedience
  - Auoir desir estre tel quon puisse cōtredire autruy
- Faire indeuemēt ce quon doit
  - Quāt negligemment on fait ce quon doit faire
  - Ou que autrement on le fait quil napartient
  - Ou pour euiter dōmaige. ou pour auoir proffit
- Importune grace requerir
  - Quāt ou coustumeemēt ou souuent on renchiet
  - Ennuieusement et effronte la demander
  - Inuinciblement perseuerer sans soy amender

## La siziesme branche dorgueil

**Desdaing**

- Mespriser autruy
  - Pour leurs ignorances et faultes de sauoir
  - Pour leurs pouretes & carence de biens
  - Pour leurs maladies ou de faultes de membres
- Soy preferer deuant autruy
  - Soy monstrant grant pour aucunes euures
  - En cōparatiō de ses fais mespriser ceulx dautruy
  - En cōsideration dautres maindres. soy esleuer
- Mespriser maindre que soy
  - Qui se veult comparer. pour richesses ou sciēces
  - Ou qui est presque aussi grant que soy
  - Ou qui es choses dictes sont par dessus soy

## La septiesme branche dorgueil

**Tempter dieu**

- Querant veoir signes
  - Car on ne considere que les choses sensibles
  - Car on ne veult croire ce quon ne voit point
  - Juger choses aduenir deuant que soiēt venues
- Soy exposer a peril
  - Cuidant soy estre tel que dieu en doye deliurer
  - Ou soy desesperer et morir en tel dāgereux peril
  - ou croire ē destinees & quautremēt ne peult estre
- Ne trauailler soy oster de peril
  - Car on ne veult vser de raison ne soy ayder
  - Car on veult vser de sa folye sans conseil
  - Quon est trop paresseux sans vouloir trauailler

## La huitiesme branche dorgueil

**Erres**

- Abuser de puissance
  - Vsurpant la puissance qua soy napartiēt auoir
  - Excedāt le pouoir a soy commis ou baille
  - Traictāt mal ce quapartiēt a la puissāce qui a
- Presider indignement
  - Car on est moingz souffisant en telle auctorite
  - Car on est trop fier a ceulx qui sont subiectz
  - Soy faire hayr & peu proufiter en prelature
- Soy ingerer trop
  - Pour puissance ou richesses de ses amis
  - Pour violence. que les souuerains peuent
  - Pour la cheuance et les grans biens quon a

¶ La neufuiesme branche dorgueil

Mesprisement

- Mectre son ame en peril
  - Estant en peche mortel sans soy repentir
  - Ignorer estre en peche. et ne chaloir de le sauoir
  - Du bien le sauoir et sen esiouir
- Ne chaloir des choses aduenir
  - Ne croire la vie que est a duenir pour les bons
  - Croire la vie aduenir. mais non fermement
  - Du bien la croire et ne samender point
- Preferer sõ corps a lame
  - Estre diligent au corps: et negligent a lame
  - Querir les biens tẽporelx: et non les espirituelx
  - Nourrir continuelement sa chair en delices

¶ La dixiesme branche dorgueil

Faulse honte

- Justement estre mesprise
  - Pour sa presumption, arrogance, et orgueil
  - Pour sa vaine gloire ventence, et iactance
  - Pour querir a viure dauantaige
- Iniustemẽt vouloir estre prise
  - Quant on se delecte en louenges mondaines
  - Quãt on a craite destre mesprise pour faire bien
  - Pour le desir quon a destre honnoure sans cause
- Faire biẽ en mauuaise intencion
  - Par ignorance quant on ne cuide faire tel bien
  - Iniquemẽt faire bien cuidant ensuiuir grãt mal
  - Frauduleusement le faire pour deceuoir autruy

¶ La vnziesme branche dorgueil

- Estre rude en ses fais
  - Par estre trop impetueux et non pourueu
  - Par traicter trop estroictement les choses iustes
  - Traueiller plus que de droit ceulx qui sõt iustes
- Estre fier trop ou cruel
  - Car on na affection ou amour a autruy
  - De trouuer nouuelles manieres de mal faire
  - Nauoir point honte de faire cruaulte
- Importunite
  - Quant on requiert vne chose trop cõtinuelemẽt
  - Ou quant on est trop impetueux de sauoir
  - Ou estre trop ennuieux en la requerant

¶ La douziesme branche dorgueil

Presumption

- Ne croire que soy mesme
  - Es fais dautruy trouuer tousiours a redire
  - Ne croire que autruy face bien pour dieu
  - Pour ses fais: estre content de soy mesme
- Parler de choses haultes
  - Pour soy esleuer et monstrer estre grant
  - Pour contrarier a ses prouchains ou sẽblables
  - En blasphemant dieu ou ses sains et sainctes
- Cuider plus de soy quon ne doit
  - Quant on ne veult congnoistre ses deffaultes
  - Quant on mesprise les deffaultes dautruy
  - Entreprẽdre de paruenir a ce quon ne peult

## La treziesme branche dorgueil

- **Rebellion**
  - Soy endurcir en batures
    - Ne pouoir endurer paciẽment estre flagelle
    - Murmurer contre la voulente de dieu
    - Pour estre flagelle blaphemer dieu et ses sains
  - Resister au bien
    - Empeschier que aucun bien ne soit fait
    - Non ayder a faire bien quant on peult
    - Traueiller de sa force que aucun ne face bien
  - Soustenir le mal
    - Affin de pecher plus liberalement
    - Pour familiarite quon a a celluy qui peche
    - Ou que le mal quon deffent est plaisant

## La quatorziesme branche dorgueil

- **Obstination**
  - Hayr chastiemẽt
    - Non vouloir escouter dire son bien
    - ou lescouter et ne samender point
    - ou deuenir pire pour estre corrige
  - Ne voloir cesser a faire mal
    - Car on ne veult lesser le mal acoustume
    - ou on ne veult sadonner a bien faire
    - ou quon sesiouist en recordation du mal fait
  - Estre pertinax a dire endurcy
    - faire cõtre conseil les choses qui sõt douteuses
    - Aymer ce quon cuide estre bien et nest pas
    - Estre adhere a mal sans nul remede

## La quinziesme branche dorgueil

- **Pecher sciemment**
  - En pechãt mortelement
    - Par presumption congnoissant quon fait mal
    - Par ignorance car on ne le veult pas cõgnoistre
    - Soy prouoquer desirer faire peche et mal
  - En pechãt venielement
    - Pour suiuir mauuaises compaignies
    - Pour acoustumãce de faire aucun veniel peche
    - escheue vng peche et on pourroit escheuer les...
  - En doubte de mortel ou veniel
    - Par cogitation en son cueur seulement
    - Par paroles dictes legierement
    - Par operation faicte indiscretement

## La seziesme branche dorgueil

- **Cõmuniãt les sacremens**
  - Celebrant messe
    - Et estre en aucune heresie
    - Ou estre en sentence dexcommuniment
    - Ou sciemment en peche mortel
  - Ministrer tous sacremens
    - Moingz souffisant et indignement
    - Sans reuerence deue et indeuotement
    - Sans faire deuoir au peuple et indiscretement
  - receuoir le corps de Jhesucrist
    - Sans honneur/deuocion/et reuerence
    - Furtiuement et de qui on ne doit recepuoir
    - Le receuoir contre cõseil de plus saige que soy

¶ La dixseptiesme branche dorgueil

**Honte de faire bien**

- Voloir estre bon et en avoir hōte
  - Par pusillanimite et faulte de couraige
  - Par aymer negligēment quelque bien que soit
  - Par cuider estre honte: ce quest honneur
- Avoir honte destre bon et nō estre
  - Car on veult complaire a daucunes personnes
  - Car on nayme pas ce que est bien
  - Ou car on est paresseux a bien faire
- Pour sembler a ceulx q̄ sont mal
  - Quant on sesiouist en compaignie de mauluais
  - Pour eviter dommaige de soy ou daultruy
  - Pour obtenir ce quon desire. et on veult avoir

Finissent les branches, estocz, et rainseaux du peche dorgueil et ensuivent les branches denvie Lesquelles sōt viii grosses. cestassavoir Envie Detraction Adulation Susurration Estidre la grace du saint esperit Suspition Accusation Excusatiō Ingratitude Juger Soubtraction Tyrer autruy a mal Faulse amour.

¶ La premiere branche denvie

**Envie**

- Douloir de la prosperite de son prouchain
  - Car tu desire que ton prouchain aye mal
  - Car tu ne peux soustenir ne veoir son bien
  - Pour que tu le puisse opprimer en misere
- Non soy esiouyr du bien de son prouchain
  - Car il ta fait autrefoys iniures
  - Ou ne ta pas donne le bien que luy a requis
  - Tu ne peuz sōstenir ou tu pvertiz ou tu nie sō biē
- Soy esiouyr des adversites de son prouchain
  - Lesquelles tu luy faiz et en cause
  - Ou autre les luy fait non mie toy
  - Ou car il seuffre par divine iustice

¶ La seconde branche denvie

**Detraction**

- Pour cause de legerete
  - Par mauluaise acoustumance de ainsi faire
  - Ou pour complaire a daucunes gens
  - Ne regardāt que ce quon dit peult nuire autruy
- Pour hayne criminelle
  - En controuvant ung mal qui nest point vray
  - En rapoitant quon la oy dire ou quil est vray
  - En escoutant dire des autres ce qui nest vray
- En mentent scientement
  - Affin de porter dommaige
  - Quaucun bien naviēgne a celluy quon het
  - Ou pour affin quil soit diffame

¶ La tierce branche denuie

**Adulation**

- Nuire soubz couleur de beau sēblant
  - Soy dire auoir ou sauoir ce quō na ny ne scet pas
  - Ce quon a. ou scet faire plus grant quil nest
  - Nourrir: soustenir ou defendre aultruy en folie
- Nourrir mal soubz doulx semblant
  - Dire ce qui prouffite.et ne nuit.par flaterie
  - aucūefois telle flaterie veniele autrefois mortele
  - Dire ce qui ne proffite ny ne nuyt par adulation
- Soy taisāt souffrir faire mal
  - Pour en auoir aucun gaing ou proffit
  - Pour complaire a aucune personne
  - Pour ne perdre lamour de celluy qui fait mal

¶ La quarte branche denuie

**Susurration**

- En semant discordes
  - Par persuasions esmouuant les parties
  - Ou par mensonges et menteries
  - Ou en raportant meschant langaige
- Faire que discordes durent
  - Car tu veulx auoir seul lamour daucun
  - Ou tu veulx auoir ayde pour luy nuyre
  - Ou ne te chault du salut de ceulx qui sōt discors
- Ne laborer point pour faire paix
  - pour ta malice car ne vouldroies paix estre faicte
  - Car tu ne veulx trauailler pour paix faire
  - Ou tu es negligens dy trauailler

¶ La cinquiesme branche denuie

**Estindre le saint esperit**

- En scandalizant les bons
  - En peruertant leur bien ou lempeschant
  - querir occasiō de les troubler en leurs ētēdemēs
  - Les retraire de lamour de plusieurs
- Cuider chose pesāte seruir dieu
  - En abusant des graces de dieu
  - Estre remis ou lasche faisant bonnes euures
  - Non aymer dieu
- nō aider les bōs en tribulation
  - Laquelle soustiennent pour amour de dieu
  - Ou pour penitences de leurs peches
  - Ou pour acquerir gloire

¶ La sixiesme branche denuie

**Suspition**

- trop tost croire
  - Par quelconque occasion indifferemment
  - Quiconque die ce que tu croys
  - Quelconque chose qui soit dicte
- Trop fermement croire
  - Car tu crains trop ce que ne doibz craindre
  - Ou car tu es trop leger de croire
  - Ou car tu iuge les bons sans discretion
- Souuent croire
  - Choses incredules et qui ne peuent estre
  - Quant plusieurs foys en as este deceu
  - Car tu ne peulz non croire

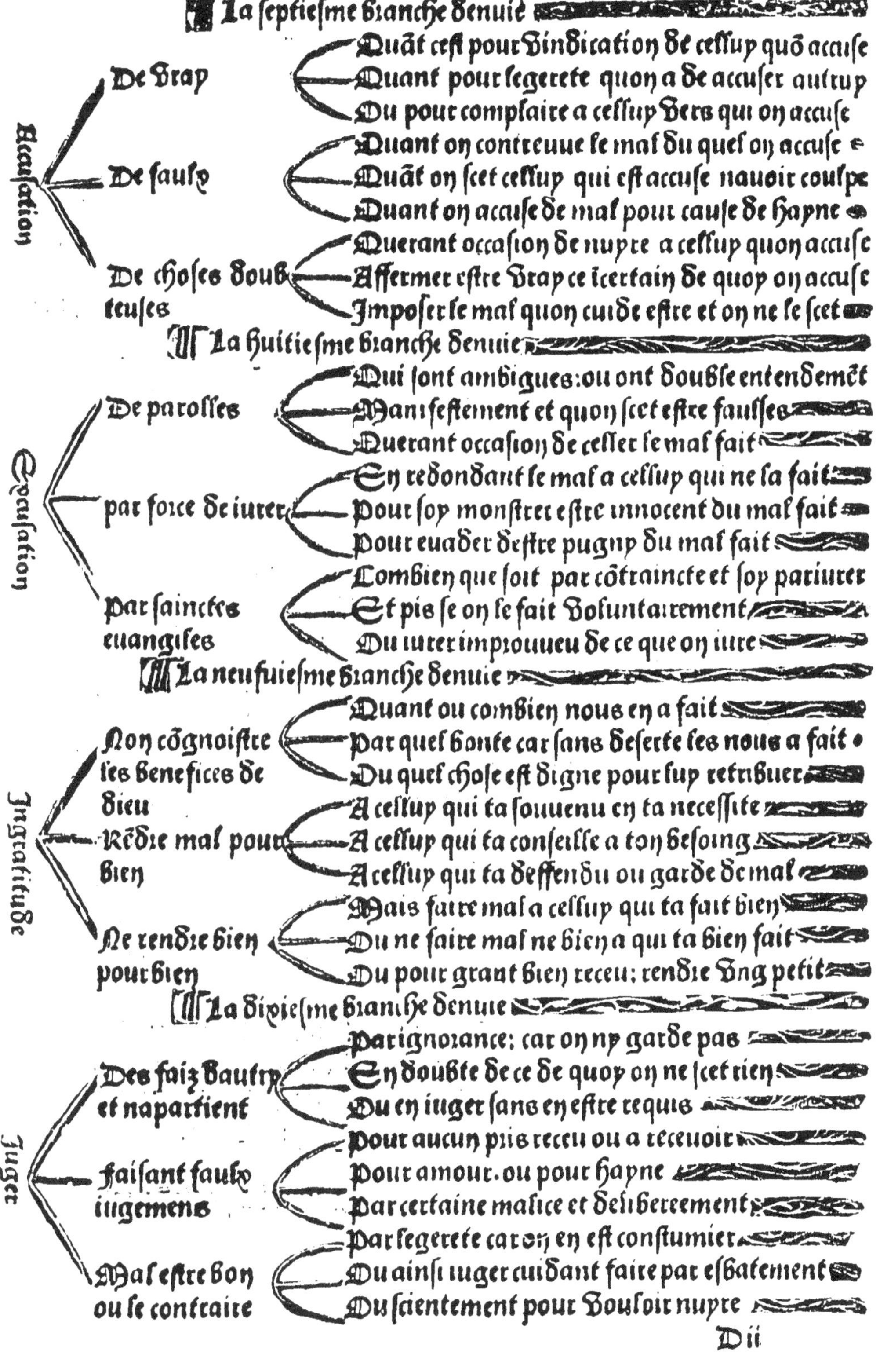

¶ La septiesme branche denuie

Accusation

- De vray
  - Quāt cest pour vindication de cellup quō acuse
  - Quant pour legerete quon a de accuser aultrup
  - Ou pour complaire a cellup vers qui on accuse
- De faulx
  - Quant on contreuue le mal du quel on accuse
  - Quāt on scet cellup qui est accuse nauoit coulpe
  - Quant on accuse de mal pour cause de hayne
- De choses doubteuses
  - Querant occasion de nuyre a cellup quon accuse
  - Affermer estre vray ce icertain de quoy on accuse
  - Imposer le mal quon cuide estre et on ne le scet

¶ La huitiesme branche denuie

Excusation

- De parolles
  - Qui sont ambigues: ou ont double entendemēt
  - Manifestement et quon scet estre faulses
  - Querant occasion de celler le mal fait
- par force de iurer
  - En redondant le mal a cellup qui ne la fait
  - Pour soy monstrer estre innocent du mal fait
  - Pour euader destre pugnp du mal fait
- Par sainctes euangiles
  - Combien que soit par cōtraincte et soy pariurer
  - Et pis se on le fait voluntairement
  - Ou iurer improuueu de ce que on iure

¶ La neufuiesme branche denuie

Ingratitude

- Non cōgnoistre les benefices de dieu
  - Quant ou combien nous en a fait
  - Par quel bonte car sans deserte les nous a fait
  - Ou quel chose est digne pour lup retribuer
- Rēdre mal pour bien
  - A cellup qui ta souuenu en ta necessite
  - A cellup qui ta conseille a ton besoing
  - A cellup qui ta deffendu ou garde de mal
- Ne rendre bien pour bien
  - Mais faire mal a cellup qui ta fait bien
  - Ou ne faire mal ne bien a qui ta bien fait
  - Ou pour grant bien receu: rendre vng petit

¶ La dixiesme branche denuie

Iuger

- Des faiz daultrp et napartient
  - Par ignorance: car on np garde pas
  - En doubte de ce de quoy on ne scet rien
  - Ou en iuger sans en estre requis
- faisant faulx iugemens
  - Pour aucun pris receu ou a receuoir
  - Pour amour. ou pour hayne
  - Par certaine malice et deliberement
- Mal estre bon ou le contraire
  - Par legerete car on en est coustumier
  - Ou ainsi iuger cuidant faire par esbatement
  - Ou scientement pour vouloir nuyre

La vnziesme branche denuie

**Substraction**

- En choses temporeles
  - Ne donner aux poures biens qui sont superflus
  - Retenir toutes choses liees sans en departir
  - Biens quon a: exposes en mauluais vsaiges
- En choses spirituelles
  - Non estre songneux du salut des pecheurs
  - Non amonester pecheurs de lesser leurs pechez
  - Non enseigner a aultruy le bien quon scet
- Ou de conseil
  - Non donner conseil a ceulx qui le demandent
  - Ou donner mauluais conseil sciemment
  - Ou ne cõseiller quant on le peult celuy qui fait mal

La douziesme branche denuie

**Exciter aultruy a peche**

- Par exemple
  - Quãt on a auctorite sur celluy deuãt q̃ on fait mal
  - quãt on maine aultruy en sa cõpaignie a faire mal
  - Ou soubz espece de quelque bien faire grant mal
- Par conseil
  - Tirer les grans a mal pour veoir le sien mendre
  - Ou pour leur cõpaignie pecher plus delectablemẽt
  - Ou toy esiouir quilz consentent au mal auec toy
- Par force
  - De requerir et ammonester
  - De non cesser iusques soit tyre
  - Par oppression et a ce le contraindre

La treziesme branche denuie

**Fausse amour**

- Aymer pour humaine faueur
  - Ceulx qui te fauorisent et font tes voulentes
  - Ceulx qui te peuent nuire affin quilz ne le facent
  - Affin que soyez veu gracieux ou begnin
- Pour terrien prouffit
  - Faignant estre amy a celluy: a qui ne les pas
  - Faignant de plus laimer que tu ne layme
  - Faignant laimer et tu es son ennemys
- Pour humaine charnalite
  - Deffendre ou soustenir aucun en son mal
  - Promouoir ceulx qui nen sont dignes de lestre
  - Labourer pour plus delicieusement viure

Finissent les branches denuie qui sont en nõbre xiiii cy deuãt declairees. et ensuiuent les brãches du vil peche de ire Lesquelles serõt dix comme on les pourra cy apres veoir.

Larbre du peche de ire

¶ La premiere branche de ire

**Iniquite**

- **Soy mocquer**
  - Pour garder autry daimer celuy que tu mocque
  - Pour delectation que tu prens a faire moqueries
  - Ou car tu as coustume de ainsi faire
- **Mauldire**
  - Autruy en son couraige sans parler
  - Ou de sa bouche par paroles
  - Semmer discordes entre gens
- **Trahir**
  - Donner scientement mauluais conseil de pecher
  - Esguettant le pecheur pour deceler son mal
  - Veoir peche: et non reprendre quant on peult

¶ La seconde branche de ire

**Hayne**

- **Discordes**
  - Par manifestes rancunes
  - Sembler amy et avoir rancune au cueur
  - Avoir fait paix et tenir rancour en memoire
- **Iniures**
  - En diffamant autruy
  - En luy ostant le sien
  - En luy blessant son corps ou lame
- **Cõspirations**
  - Scismatizer ou procurer scisme
  - Coniurer en personnes en bien ou en mal
  - Conspirer en aucunes euures

¶ La tierce branche de ire

**Contumelie**

- **Obprobres**
  - Reprocher sa pourete en quoy on est
  - Les flagellations quon a et quon a euz
  - Quon soit venu de poure condition
- **Paroles aspres**
  - Provocant autruy a courroux
  - Plaines de reproches et iniures
  - Telles que peuent porter dommaige
- **Nuyre a son prouchain**
  - Par paroles oultrageuses
  - Par blessure de son corps ou homicide
  - Par luy sortraire ses biẽs: ou sa renommee

¶ La quarte branche de ire

**Consentir**

- **Namender les autres q̃ peult**
  - Quant on a domination sur le pecheur
  - Ou quant on est bien son familier
  - Qui aide a faire mal et le pourroit bien ẽpescher
- **Sesiouyr de mal**
  - Louer et esiouir les pecheurs
  - Non douloir des pechez quilz font
  - Ne corriger ceulx qui sesiouissent de mal faire
- **Ayder a faire mal**
  - Par conseil que tu baille
  - Par ayde que tu faiz
  - Car tu deffens celluy qui fait mal

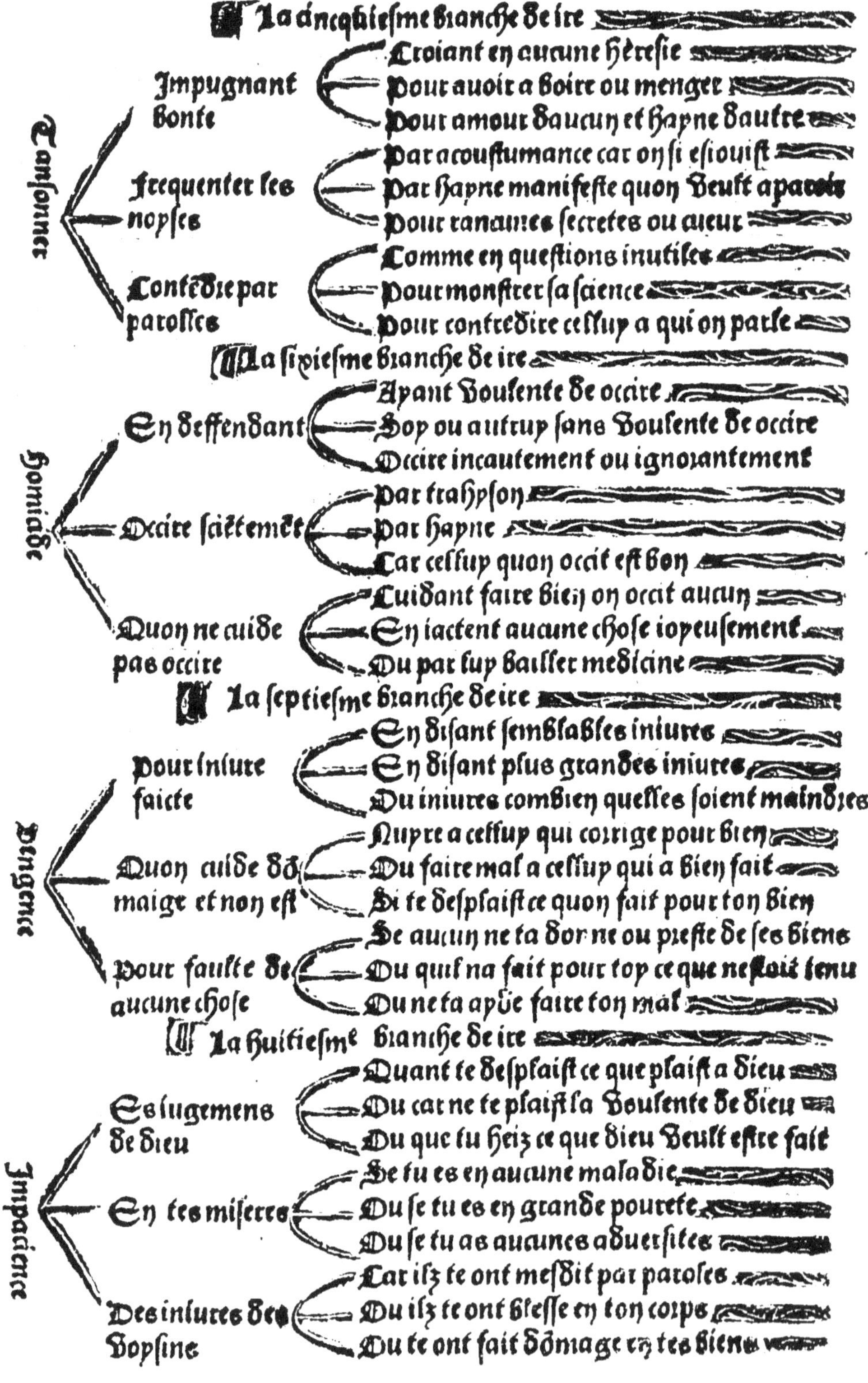

La cincquiesme branche de ire

- **Tansonner**
  - Impugnant bonte
    - Croiant en aucune heresie
    - Pour avoir a boire ou menger
    - Pour amour daucun et hayne daultre
  - Frequenter les noyses
    - Par acoustumance car on si esiouist
    - Par hayne manifeste quon veult aparoir
    - Pour ranancunes secretes ou rancueur
  - Contredire par parolles
    - Comme en questions inutiles
    - Pour monstrer sa science
    - Pour contredire cellup a qui on parle

La sixiesme branche de ire

- **Homicide**
  - En deffendant
    - Ayant voulente de occire
    - Soy ou autruy sans voulente de occire
    - Occire incautement ou ignorantement
  - Occire sciētemēt
    - Par trahyson
    - Par hayne
    - Car cellup quon occit est bon
  - Quon ne cuide pas occire
    - Cuidant faire bien on occit aucun
    - En iactent aucune chose ioyeusement
    - Ou par luy bailler medicine

La septiesme branche de ire

- **Vengence**
  - Pour iniure faicte
    - En disant semblables iniures
    - En disant plus grandes iniures
    - Ou iniures combien quelles soient maindres
  - Quon cuide dōmaige et non est
    - Nuyre a cellup qui corrige pour bien
    - Ou faire mal a cellup qui a bien fait
    - Si te desplaist ce quon fait pour ton bien
  - Pour faulte de aucune chose
    - Se aucun ne ta donne ou preste de ses biens
    - Ou quil na fait pour toy ce que nestoit tenu
    - Ou ne ta ayde faire ton mal

La huitiesme branche de ire

- **Impacience**
  - Es iugemens de dieu
    - Quant te desplaist ce que plaist a dieu
    - Ou car ne te plaist la voulente de dieu
    - Ou que tu heiz ce que dieu veult estre fait
  - En tes miseres
    - Se tu es en aucune maladie
    - Ou se tu es en grande pourete
    - Ou se tu as aucunes adversitez
  - Des iniures des voysins
    - Car ilz te ont mesdit par paroles
    - Ou ilz te ont blesse en ton corps
    - Ou te ont fait domage en tes biens

## La neufuiesme branche de ire

**Clameur**

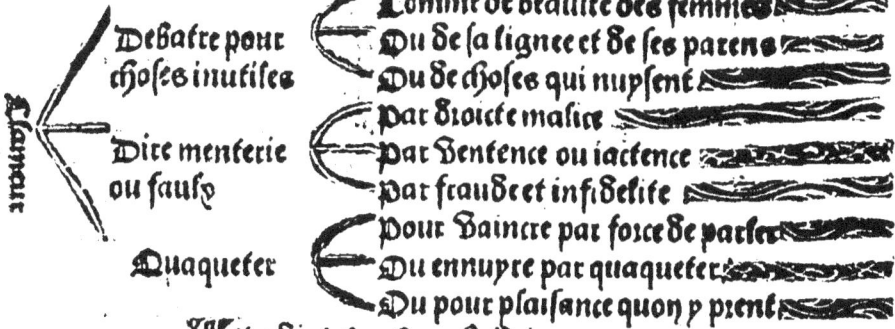

- Debatre pour choses inutiles
  - Comme de beaulte des femmes
  - Ou de sa lignee et de ses parens
  - Ou de choses qui nuysent
- Dire menterie ou faulx
  - Par droicte malice
  - Par ventence ou iactence
  - Par fraude et infidelite
- Quaqueter
  - Pour vaincre par force de parler
  - Ou ennuyre par quaqueter
  - Ou pour plaisance quon y prent

## La dixiesme branche de ire

**Blaspheme**

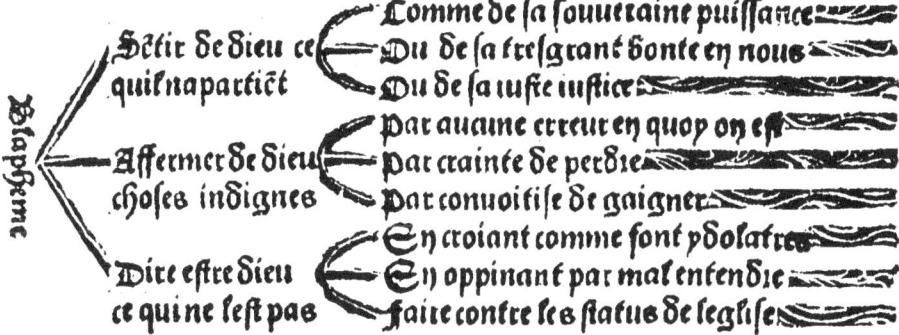

- Sētir de dieu ce quil naparticēt
  - Comme de sa souueraine puissance
  - Ou de sa tresgrant bonte en nous
  - Ou de sa iuste iustice
- Affermer de dieu choses indignes
  - Par aucune erreur en quoy on est
  - Par crainte de perdre
  - Par conuoitise de gaigner
- Dire estre dieu ce qui ne lest pas
  - En croiant comme font ydolatres
  - En oppinant par mal entendre
  - Faire contre les statuz de leglise

Finissent les branches de ire Et ensuiuent celles de paresse lesquelles sont. Cogitation mauluaise Ennuy de bien. Legerete a mal. Pusillanimite. Volente mauluaise. Fraction de veux, Impenitēce Infidelite. Ignorance. Vaine tristesse. Lachete. Male esperance. Curiosite. Oysiuete. Euagation Empeschement de bien. Dissolution

## La premiere branche de paresse

**Cogitation mauluaise**

- Cogitation superflue
  - Soy delecter en souuenance de mal
  - Penser que peche soit doulce chose
  - Longue demeure en pensee de mal
- Cogitation doloreuse
  - Cōment occultement on puisse nuire
  - Ou imputer son malfait a autruy
  - Cōme faisant mal on soit dit estre bon
- Cogitation detestable
  - Comme on puisse faire mal
  - Cōme faisant mal on puisse perseuerer
  - Comme on puisse resister au bien

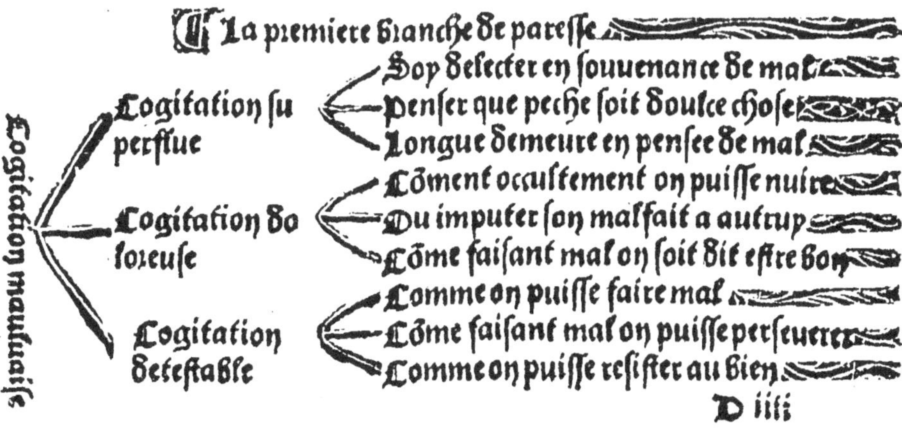

La seconde branche de paresse

**Ennuy de bien**

- Pecher par acoustumance
  - Car les autres pechent pareillement
  - Car la coustume est de ainsi faire
  - Car il ny a qui reprengne ou argue qui fait mal
- Pecher par malice
  - Quant aucun ayme mal: et pour ce fait mal
  - Quant on ne ayme le bien et on ne le fait mie
  - Quant on heist le bien: et on ayme le mal
- Ou par desir de laisser le mal
  - Quant aucun fait bien maulgre soy
  - Quant on ne se esiouist en faisant bien
  - Quant il ne desplaist se on fait mal

La tierce branche de paresse

**Promptitude a mal**

- Par inconstance
  - En delaissant le bien quon congnoist
  - En muant souuent son propos ou conseil
  - Faiblir en aduersite, et seslever en prosperite
- Par pusillanimite
  - Soy substraire du bien
  - Defaillir a la grace de dieu
  - Craindre de commencer ce quest bonne chose a
- Par curiosite
  - En querant choses inutiles et nouuelles
  - Plaisamment oyr rumeurs et fables
  - Querir choses nouuelles pour sa volente seule

La quatriesme branche de paresse

**Pusillanimite**

- Craindre ou on ne doit
  - Craindre ce que sil aduient nest dommaige
  - Perdre biẽs spirituelz quõne perde les tẽporelz
  - Si temporele aduersite semble estre trop griefue
- Craindre plus quon ne doit
  - Faire trop grant deul de ce quon a perdu
  - Vouloir quon na ce quon desire auoir
  - Vouloir quant aduient chose oultre son gre
- Craindre ceulx quon ne doit
  - Comme detracteurs quant on vit iustement
  - Ou defenser les mauluais pour eulx cõplaire
  - Ou quilz ne nuisent si on fait bien

La cinquiesme branche de paresse

**Voulente mauluaise**

- Voloir faire mal
  - Qui soit au deshonneur de dieu
  - Ou au dommaige de son prouchain
  - Ou a la damnation de son ame
- Vouloir pouoir mal faire
  - Pour la delectation du mal
  - Pour la desplaisance du bien
  - Pour quon face ce qui plaist et on veult
- Soy y delecter tãt quon peult
  - Non resistant aux mauluaises cogitations
  - Aymer mauluaises delectations
  - Appeter comme on se puisse delecter

## La sixiesme branche de paresse

**Fraction de veu**

- par negligence
  - Qui peult faire son veu et le mesprise acomplir
  - Qui fait moingz de son veu quil na promis
  - Qui nacõplit son veu de bon couraige cõe doibt
- par oubliance
  - De veu solẽne secret ou des choses q̃ apertiẽnẽt
  - Du veu promis pour soy ou pour autruy
  - Du veu fait dentrer en religion
- par mesprisemẽt
  - Nacomplir son veu quant on a bien oportunite
  - Ou qui ne peult. et ne fait autre bien semblable
  - Ou quon na doulceur quon ne le peult acomplir

## La septiesme branche de paresse

**Impenitence**

- Viure et ne faire penitence
  - Par finale impenitence de non iamais repentir
  - Par dilation de iour en iour de repentir
  - Par mesprisement quon ne veult repentir
- Nauoir honte de faire peche
  - Quant apres peche on est prest de pecher
  - Quant on na honte du mal quon a fait
  - Ou sans vouloir sesiouir auoir mal fait
- propos de pecher
  - Estre delibere dacomplir peche mortel
  - Apres quon a peche trauailler dy demourer
  - Querir occasion de rencheoir en nouueau peche

## La huitiesme branche de paresse

**Infidelite**

- Nõ croire ce que on doit croire
  - Comme croient les iuifz et autres infideles
  - Qui ne scet ny ne veult oir les articles de la foy
  - Ou qui les oyt dire et ne les croist pas
- Croire ce que on ne doit croire
  - En faulx dieux comme croient les payens
  - En ydoles et quelques simulachres
  - Ou croire en choses dyaboliques cõme sorcieres
- croire laichemẽt
  - Doubter de ce quon doibt croire fermement
  - Croire et non fermement comme on doit
  - Facilement soy laisser seduire de sa creance

## La neufuiesme branche de paresse

**Ignorance**

- Indiscretion
  - Faire sans conseil ce qui doit estre conseille
  - Faire sans maniere ce ou on la doit tenir
  - Faire sans saigesse ce ou elle est requise
- Ce que on doit sauoir
  - Mespriser sauoir et ne vouloir estre enseigne
  - Ne trauailler dapprendre ce quon doit sauoir
  - Non proposer et non chaloir dapprendre
- Ne voloir auoir
  - car on fuiz et ne veult on prẽdre paine de sauoir
  - Pour auoir excusation de non sauoir
  - Par paresse et negligence daprandre

La dixiesme branche de paresse

- Haine tristesse
  - En nuy de viure
    - Quant bonnes choses sont desplaisantes
    - Quant toutes choses sont ennuiantes
    - Quant choses quon fait toutes sont pesantes
  - Fausse esperance
    - Presumer trop de la misericorde de dieu
    - Sans soy oster de peche esperer misericorde
    - Viure en peche sans crainte de dieu
  - Soy desesperer
    - Pour la distriction de diuine iustice
    - Pour la magnitude du peche quon a commis
    - Soy deffier de la misericorde de dieu

La vnziesme branche de paresse

- Laichete
  - Vers les choses prohibees
    - Quant on se expose trop ou peril de peche
    - Quant on est trop assure de faire peche
    - Quant on se expose trop aux temptations
  - Vers les conseilz
    - Ne voloir estre bon car on ne veult lesser le mal
    - Ne honnorer le bien et laimer plus que le mal
    - Mespriser les conseilz des bons
  - Vers les cōmandemens
    - Ne faire le commandement que on doit
    - Mespriser le cōmādemēt ou celluy qui la fait
    - Non aimer que aucune chose soit commandee

La douziesme branche de paresse

- Mauuaise esperance
  - Mespriser bōne renommee
    - Continuant a faire mauluaises euures
    - En ayant esperance de faire mal seulement
    - Ou faire tous les deux ensemble
  - Nō craindre estre diffame
    - Non chaloir quel chose soit dicte de toy
    - Non chaloir qui soit scandalize par toy
    - Non querir que autruy soit edifie de toy
  - Faire bien en intēcion mauuaise
    - Frauduleusement et tu le congnois bien
    - Sans discrecion non chaloir a qui: ne cōment
    - Incautement car tu ne le veulx congnoistre

La treziesme branche de paresse

- Curiosite
  - Querir choses inutiles
    - Vouloir sauoir chose qui soit matiere de peche
    - Laborer cōduire autruy par force de lāgaiges
    - Ou pour estre dit saige des ydiotz et folz
  - Delecter a veoir choses vaines
    - Que alicent et tyrent ad ce quon soit dissolu
    - Ou qui te font et rendent dissolu
    - Ou te font entendre a toutes vanites
  - Faire que nul autre ne scet
    - Faisāt choses nouuelles quon ne vit iamais
    - Ou en appart choses qui sont mauluaises
    - Ou choses qui sont seulement pour faire rire

¶ La quatorziesme branche de paresse

**Oysiuete**
- Cesser a bien faire
  - Cestassauoir aux bonnes cogitations
  - Aux bonnes paroles
  - Et aux bonnes euures
- Querir a mal faire
  - Cestassauoir les concupiscences de la chair
  - Les concupiscences des yeulx: cest auarice
  - Et a viure orgueilleusement
- Non resister a mal
  - Pour lamour quon a au mal
  - Pour lennuy quon a du bien
  - Pour negligence de soymesme

¶ La quinziesme branche de paresse

**Euagation**
- Es choses oyseuses
  - Soy exposer aux vanites
  - Non soy retraire des vanites
  - Vouloir demourer en vanites
- Es choses delectables
  - Car sont mauluaises et plaisantes
  - Demourer par longue espace de temps
  - Quant la voulente y est prouoquee
- Es choses iniques
  - Comme cautement on puisse nuire
  - Ou plus griefuement nuire
  - Ou plus longuement nuire

¶ La seziesme branche de paresse

**Empescher faire bien**
- Consente.mēt a ceulx q̄ fōt mal
  - Par malice et pour eulx complaire
  - Pour hayne quon a aux bons
  - Ou pour hayne du bien quon pourroit faire
- Non ayder les bons
  - Quant ne peuent prouffiter sans quon les ayde
  - La ou ilz sont en peril
  - La ou ilz defaillent sans auoir secours
- Nuyre aux bōs
  - Ou par soy mesme
  - Ou par autruy personne
  - Ou sustrahant ce quon leur doibt

¶ La dixseptiesme branche de paresse

**Dissolution**
- En choses vaines
  - En regardant gens eulx batre pour vanite
  - Fichant ses yeulx a regarder quelques vanites
  - Estant es lieux populaires et publiques
- En choses mignotes
  - Es gestes de son corps
  - En legierete de couraige
  - Par force de chanter ou crier
- En fole esiouissance
  - Pour rire trop. et longuement
  - Estre sans grauite quant on doit estre graue
  - Prouoquer les autres a ris

## La premiere branche dauarice

**Concupiscence**

- Sollicitude de pensee
  - Obsier dacquerir biēs spūelz pour les tēporelz
  - estre negligēt aux spūelz et diligēt aux tēporelz
  - Mespriser les biēs de lame pour ceulx du corps
- Espoir de gaigner sās couenāce
  - Tenir ce que sans charge nuysible on ne peult
  - Procurer le bien dautruy pour cause de prouffit
  - Vouloir auoir prouffit pour ses sollicitudes
- Ne sen pouoir soubtraire
  - Acquerāt biēs temporelz par grant delectation
  - estre tenu en lamour dacq̄rir richesses tēporelles
  - Ou soy ingerer dacquerir plus que on ne peult

## La seconde branche dauarice

**Rapine**

- Oster de force les biēs dautruy
  - A ses subiectz seruiteurs ou maindre que soy
  - A ses ennemis par quelque voye que soit
  - A ses prouchains par moyen subtil
- Faire violence ou requeste
  - a ses subiectz po^r soy ou autruy de chose tēporele
  - Ou pareillemēt pour chose spūele auec menaces
  - Ou en chose spirituele en faisant promesses
- Par coustumes et subsides
  - Fais indeument sans droit et raison
  - Ou que par auāt non estes acoustumes de faire
  - Ou que sont fais par force de menaces

## La tierce branche dauarice

**Usure**

- Par conuenance faicte
  - Quant on vent plus cher pour cause de latente
  - Prester deniers pour en auoir plus abondāmēt
  - Ou par ce quon les preste et quon les actent
- Sās couenance mais en espoir
  - Quant on ne preste iusques premier on a receu
  - ou par signes on est assure de gaigner pour p̄ster
  - Quant on recoit ou preste pour auoir benefice
- Pl^9 vēdre a q̄ ne peult tost payer
  - Comme sont vsuriers qui sont publiques
  - Ou quō espere dauoir les deniers de ce quō vēt
  - Ou par acoustumance de ainsi vendre

## La quarte branche dauarice

**Retenir la debte quon doit**

- Ou en le nyant
  - Ce que tu scez bien que tu le dois
  - ce de quoy tu as vehemēte opiniō que tu doibz
  - Ce qui est legitimement congneu que tu le doiz
- Ou en le robant
  - Esperant de le rendre en aucun temps
  - Sans voulente de rendre. et tu le pourroie bien
  - Non pouoir rendre. et non requerir misericorde
- Ou que telle debte soit oubliee
  - Laquelle on paieroit qui la requerroit
  - Non rēdre aux enfās ce quon a de leurs parens
  - Retenir saītemēt ce q̄ ignorēt ceulx a q̄ apertient

¶ La cinquiesme branche davarice

**Non rendre choses commises**

- Les prendre et retenir de fait
  - Par force et violence les attribuer a soy
  - Par fraude les faire perdre a celluy a qui sont
  - Dire quon les retient soubz couleur damitie
- Differer de les rendre
  - Affin que temps pendent puissent prouffiter
  - Ou que par quelque moyen puissent demourer
  - Ou que pour les rendre on en ait prouffit
- Les prester a autruy
  - Affin que par tel prest on aye recompense
  - Pour curiosite prester ce qui nest sien
  - Pour ambition dire estre sien ce qui ne lest pas

¶ La sixiesme branche davarice

**Symonie**

- Vēdre choses spūelles poʳ lagage
  - A gens adulateurs pour leurs flateries
  - Pour proces demener et a gens indignes
  - Pour paroles a autruy mal dictes
- Vēdre choses spūelles pour pris
  - Et prins devant que tel chose soit venue
  - Ou prins apres quelle est venue
  - Mettant cause pour quoy. laquelle nest point
- Vēdre choses spūelles pour prieres
  - Aucuneffoys faicte avec menasses
  - Ou aucuneffoys avec promesses
  - Et autreffoys avec violence et force

¶ La septiesme branche davarice

**Sacrilege**

- Prendre chose sacree en lieu sacre
  - Comme les biens deglise estre prins en leglise
  - Retenir decimes et choses apertenātes a leglise
  - Prādre les biēs de leglise sās les avoir deservis
- Ou chose sacree en lieu non sacre
  - Prādre biēs deglises hors quelque lieu que soit
  - Indignement distribuer les biens de leglise
  - Hōme lay avoir decimes disant a luy apertenir
- Ou chose non sacree en lieu sacre
  - Utensiles ou quelques biens estans en leglise
  - Tous biens pour seurete mis en leglise
  - Choses que casuellement y sont delaissees

¶ La huitiesme branche davarice

**Larcin**

- Rober lautruy sans estre sceu
  - Car celluy que tu robe autreffoys ta dōmaige
  - Ou tu le faiz de ta propre malice
  - Ou pour ta simplesse et ignorance
- Avoir biēs dautruy et les celer
  - Pour les retenir plus paisiblement
  - Pour crainte den estre pugny
  - Ou car tu veulx tousiours perseverer en mal
- Cōsētir a celluy qui fait larcin
  - Car il te plaist tel larcin estre fait
  - Ou car tu as prouffit du larcin fait
  - Ou car tu crains celluy qui fait tel larcin

¶ La neufuiesme branche dauarice

**Estre proprietaire**

- Vng religieux des biens de sa religion
  - En auoir sans congnoissance de son prelat
  - Ou par cōsentement du prelat. ce quil napertiēt
  - Ou ce quon a par licence trop approprier a soy
- Homme ou fēme maries
  - Quant lun a plusieurs biēs sās le sceu de lautre
  - Ou que lun donne trop a ses propres parens
  - Quāt lun despēt en son priue les biens cōmuns
- Du patrimoine du crucifix
  - En prendre plus que nest necessite
  - Indignement et ou napertiēt les distribuer
  - En mauluais vsaige le despendre

¶ La dixiesme branche dauarice

**Prendre dōs iniustemēt**

- Affin de nuyre
  - Et pour faire dommaige a autruy
  - En accusant autruy iniustement
  - Ou aucunesfoys lacusant pour occasion iuste
- Pour cause deshonneste
  - Comme pour faire trayson ou conspiration
  - Pour faire immundicite et chose deshonneste
  - Ou en prenant de deux parties aduerses
- Pour vendre iustice
  - Affin de faire son particulier prouffit
  - Accelerer iustice et faire tort a qui a droit
  - Pour differer faire droit a qui apertient

¶ La vnziesme branche dauarice

**Auoir trop**

- Acquerir trop
  - Par violence faicte par amis ou par argent
  - Ou par vsure et iniustement acquerir
  - Ou par fraudes et decepcions acquerir
- Retenir trop
  - Affin quon soit plus honnoure et doubte
  - Affin dauoir mieulx ses delices
  - Ou pour auoir plus possessions que autres
- Doloir quon ne peult acquerir
  - Pour enuie des plus riches que soy
  - Pour soy delecter trop es richesses
  - Pour crainte dauoir faulte de biens

¶ La douziesme branche dauarice

**Despēdre abōdamēt**

- Choses iustemēt acquises
  - En donnant ne chault a qui indiscretement
  - En gastant desordōneement les biens quon a
  - Abusant et folement vsant et quon le scet bien
- Choses iniustement acquises
  - En les retenant contre conscience
  - Faisant aulmosnes des rapines et vsures
  - Les despendans en ses charnalites
- Choses non siennes
  - En les appropriant a son singulier vsaige
  - Ou les appropriant a autruy vsaige
  - Les despēdēt supfluemēt a lusage de q̄ aptiēnēt

¶ La treziesme branche dauarice.

**Fraude**

- En circonuenãt
  - Par promesses affin de decepuoir
  - Par menaces pareillement
  - Ou par doulces paroles
- Estant double
  - Mõstrer beau sẽblãt pour auoir le bien dautruy
  - Ou par tel semblant diffamer autruy
  - Ou par beau semblant nuyre a autruy
- Procurant mal
  - A celluy quil cuide que tel soit son amy
  - A celluy quon cuide ou on scet estre ennemy
  - Ou indifferentement a son amy ou son ennemy

¶ La quatorziesme branche dauarice.

**Faulse computacion**

- Mauuaisement compter
  - De ce quon doit a autruy iustement
  - De ce qui est deu tellement quellement
  - Ou de ce qui est deu a autruy qua soy
- Quãt on le scet ne rendre point
  - Pour crainte de rendre ou en estre note
  - Pour honte quon a de ce faire
  - Pour auarice et amour de retenir
- Consẽtir le faire et ne faire point
  - Soy taysant de ce que len scet bien
  - Faisant ayde a celluy qui mescompte
  - Voulant nuyre a celluy qui est mesconte

¶ La quinziesme branche dauarice.

**Mentir**

- Par ioyeusete
  - Pour conuoitise de complaire
  - Pour plaisance quon a de mentir
  - Legierement iurer. de ce quon scet ou ne scet pas
- Pour faire gaigner autruy
  - Celãt ce qui ne nuyt a nul et prouffite a aucũs
  - Aucunesfoys que ce est pour biens temporelz
  - Aucunesfoys que ce est pour aucũe persõne priuee
- Frauduleusemẽt
  - Que aucunesfoys prouffite aucunesfoys nuyt
  - Que ne prouffite a nulluy et nuyt a aucun
  - En la doctrine et promesse de religion

¶ La seziesme branche dauarice.

**Jurer**

- Les membres de dieu
  - En contempnement de dieu ou de ses sains
  - Pour soy monstrer estre furieux
  - Ou quon print soulas en faisãt tel iniure a dieu
- Souuentesfoys
  - Par mauuaise acoustumance de souuent iurer
  - Par plaisance quon prent de ainsi iurer
  - Par contempnement de celluy quon iure
- Incautement
  - Ne regardant quoy on iure
  - Faire mal pour aparoir vray ce quon iure
  - Ne considerer que iurement doit estre tenu

¶ La dixseptiesme branche dauarice

**Pariurer**

- Par paroles
  - Doleusement pour decepuoir ou tromper
  - Incautement de ce de quoy on ne scet pas
  - Scientement: et de ce que len scet
- Par foy inter posee
  - En recepuant aucun des sacremens de leglise
  - En choses mesmes qui sont licites
  - Ou en choses qui ne sont licites
- Par touchement de choses saintes
  - Jurer faulx pour vouloir decepuoir
  - Ou iurer vray et cuidant iurer faulx
  - Ou qui iure faulx cuidant iurer vray

¶ La dixhuitiesme branche dauarice

**Tesmoigner fauls**

- La chose quon ne scet
  - Faire tesmoniage de la chose que on ne scet
  - Tesmoignier la chose faulse: laquelle on ignore
  - Dissimuler soy ignorer ce quon scet bien
- La chose quon scet
  - Pour pris quon en a ou quon en doit auoir
  - Pour amitie de celluy pour qui on tesmoigne
  - Pour malice quon ne veult dire vray
- La chose quon cuide sauoir
  - Pour faulse opinion quon a de la chose
  - Dire estre vraye et on ne le scet
  - Ou quon ne sen quert le sauoir: et on pourroit bie

¶ La dixneufuiesme branche dauarice

**Jeux**

- Qui sont deffendus
  - Comme ieux faiz par enchantemens
  - Deshonnestes ou prouoquans a deshonnestete
  - Ou lesquelx peuent grandement nuyre
- Qui sont pilleux
  - Pour plaisance de soy ou pour complaire autruy
  - Pour coustumance de faire iceulx ieulx
  - Ou en espoir dauoir gaing pour le faire
- Auec personnes quil napertient
  - De iouer vng lay auec vng religieux
  - Ou vng lay auec vng prestre ou clerc
  - Ou auec vng homme de penitence

¶ La vingtiesme branche dauarice

**Estre Vagabond**

- Pour acquerir
  - Faignant quon soit malade et on ne lest pas
  - Faire tel faintise sans necessite
  - Ou tellement faire pour autruy decepuoir
- Pour estre oiseux
  - Entre ceulx qui trauaillent et labourent
  - Ou entre eulx faire le malade et ne lestre pas
  - Ou plus soy monstrer malade que on nest
- Pour obtemperer a sa mauuaise voulente
  - En soustenant choses aspres a soustenir
  - Decepuoir par faintes paroles ou par ennuy
  - Ou cuidant que viure sans riens faire soit licite

¶ La premiere branche de gloutonnie

Querir viãdes delicatiues

- Pour sa saueur
  - Contre le salut de son ame
  - Contre sa sante de son corps
  - Contre salut de luy et de lautre ensemble
- Pour sa nouueaute
  - Pour sa nouueaute qui est delicieuse
  - Manger fruictz deuãt que soiẽt bons et meurs
  - Par composicion des condimens exquis
- En diuers appareilllemens
  - Par coustumance de ainsi les apprester
  - Par legerete destre trop abondant sans necessite
  - Par affection et plaisance quon y prent

¶ La seconde branche de gloutonnie

Goulíarder

- En appetant
  - Viandes plus precieuses quil napartient a soy
  - Moyennes viandes et non soy en contenter
  - Moindres viãdes que lestat ou on est ne requiert
- Trop soy delectant
  - En estre curieux de son ventre remplir
  - Noy seruir dieu pour trop seruir son ventre
  - Trop souuent manger et sans garder heure
- Ou soy trop remplir
  - Tant comme on peult deuorer viandes
  - Ne se pouoir saouler: et non estre content
  - Ne departir aux poures de la viande quon a

¶ La tierce branche de gloutonnie

Delicieusemẽt apprester

- Par diuerses manieres
  - Pour satiffaire a tous ses desirs
  - Ne refuser au ventre chose qui desire
  - Non refrener aucuns mauluais appetitz
- Ou exquisitement
  - Par art autrement que les autres ne font
  - Par estude combien que soit difficile a faire
  - Par labeur et peine quon prent a les apprester
- Condiment
  - Exquis par diuerses espesses de matiere
  - Delicieux pour les doulces saueurs
  - Somptueux: non regarder quil couste

¶ La quarte branche de gloutonnie

Mãger sãs heure

- Oultre le temps requis
  - Deuant heure quant nest licite: et sans necessite
  - Ou apres: quant heure licite est passee
  - Ou quelque heure que soit contre cõmandemẽt
- Plusieurs foys
  - Quelque chose que tu appetes manger
  - Manifestement que autruy le saiche
  - Ou secretement que toy seul le scez
- En illicites ꝗ̃t
  - Au temps: cõme des ieunes manger de la chair
  - Au lieu: comme manger en leglise
  - A la viande: comme manger chose deffendue

¶ La cinquiesme branche de gloutonnie

**Faire exces**

- En quantite de viandes
  - Manger plus que nest mestier au corps
  - Tant manger qui greue a lame
  - Soubz couuerture destre malade exceder de mãger
- En trop chieres viandes
  - Non chaloir quoy coustẽt maisque soiẽt delectables
  - Trop delectables et pour ce plus chieres
  - Mespriser viandes qui ne coustent guere
- Frequentant autruy table
  - Pour lecherie et friandise
  - Pour compaignie et affin de plus menger
  - Pour saouler mieulx son appetit

Fenissent les brãches et rainseaux du peche de gloutõnie qui sont cinq. cestassauoir: Querir viandes delicatiues. Gouliarder. Delicieusement aprester viandes. Manger et ne garder point heure. Et faire exces. ¶ Sensuiuent les branches et rainseaux du peche de luxure: qui sõt cinq La premiere est Luxure. La secõde immundicite. La tierce Non rẽdre le droit de nature a sa partie. La quarte Abuser de ses cinq cens. La cinquiesme est Superfluite

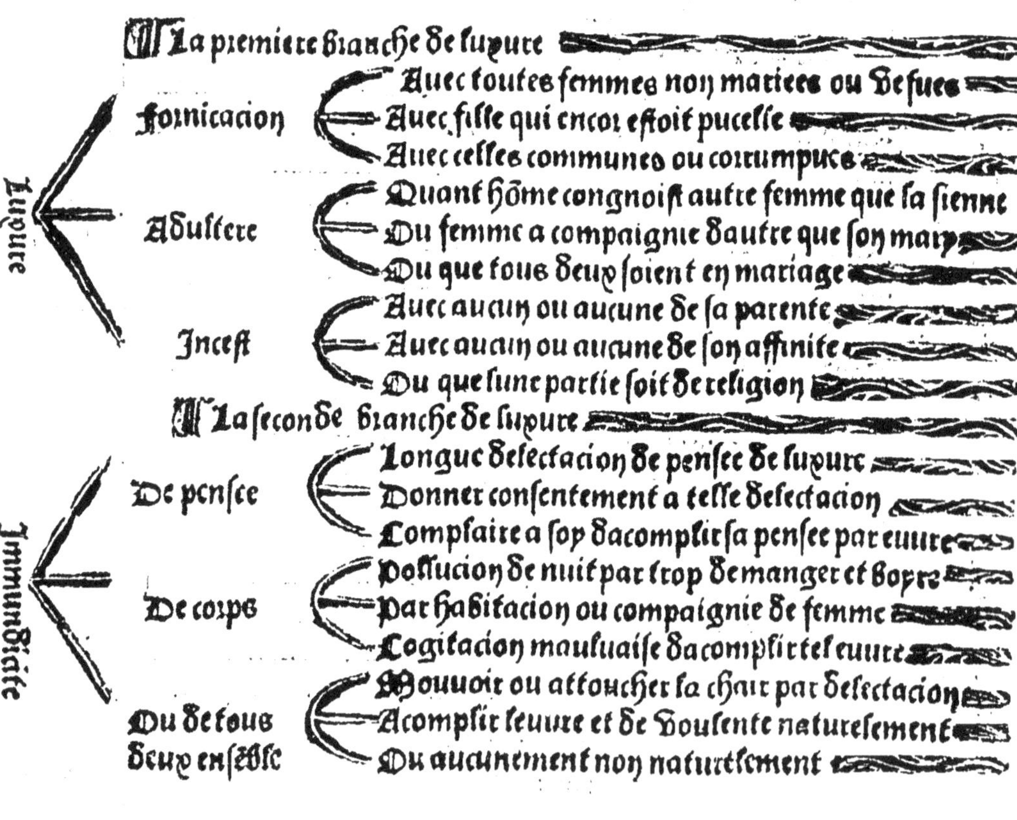

¶ La premiere branche de luxure
Luxure
Fornicacion
Auec toutes femmes non mariees ou vefues
Auec fille qui encor estoit pucelle
Auec celles communes ou corrumpues
Adultere
Quant hõme congnoist autre femme que sa sienne
Ou femme a compaignie dautre que son mary
Ou que tous deux soient en mariage
Incest
Auec aucun ou aucune de sa parente
Auec aucun ou aucune de son affinite
Ou que lune partie soit de religion
¶ La seconde branche de luxure
Immundicite
De pensee
Longue delectacion de pensee de luxure
Donner consentement a telle delectacion
Complaire a soy dacomplir sa pensee par euure
De corps
Pollucion de nuit par trop de manger et boyre
Par habitacion ou compaignie de femme
Cogitacion mauluaise dacomplir tel euure
Ou de tous deux ensẽble
Mouuoir ou attoucher la chair par delectacion
Acomplir leuure et de voulente naturelement
Ou aucunement non naturelement

¶ La tierce branche de luxure

Non tendre devoir

Pour hayne
- Car on aymt autruy que sa partie
- Car on scet quon nest pas ayme de sa partie
- Ou car on est despit et rebelle

Pour euiter enfantement
- Car on craint sa douleur denfanter
- Pour crainte dauoir pourete
- Pour crainte du labeur quon a de nourrir

Pour abhomination
- Aucuns abhominent ce que non acoustume
- Ou pour limmundicite de leuure
- Quant on mesprise ou het compaignie de sa partie

¶ La quatriesme branche de luxure

Abuser de ses cinq sens

Soy exposer en peril
- Aucunesfoys pour raison de personnes
- Autresfoys pour danger du lieu
- Et dautresfoys pour la raison du temps

Non soy retirer
- De leuure quant on congnoist quelle est mauluaise
- Ou peril et si scet on quil est dangereux
- Ou car on se prouoque a tel euure ou peril

En soy delectât
- En leuure du peche de la chair
- Ou desir et consente quon a de lacomplir
- Ou en souuenance et memoire de lauoir fait

¶ La cinquiesme branche de luxure

Superfluite

En vestemens
- En ioyaux signetz aneaux ou affiquetz
- En preciosite de robes sentures et autres abillemẽs
- En la composicion ou facon nouuelle ou exquise

En delices
- Par lasciuite: dansans iouans ou estant oyseux
- Par delectacion de corps prenant toutes ses aises
- En querant tout ce que son cueur desire

En despens
- Despendre largement pour louenge du siecle
- Donner ou il na partient a donner
- Pour ses delices auoir despendre trop du sien

Fenissent les branches et rainseaux du peche de Luxure et consequemment des sept pechez mortelx. et ensuiuent les paines denfer pour les pecheurs qui nauront faitz penitence de leurs peches. ¶ Les quelles paines nous a raconte le ladre frere de Marie magdalaine et Marthe que nostre seigneur resuscita quatre iours apres quauoit este mort et quil auoit veu les paines qui sensuiuent.

Las. et pour quoy prens tu si grant plaisir ¶ Homme abuse plain de presumpcion ¶ En ce faulx monde: ou na que desplaisir: ¶ Enuie orgueil/guerre/ et dissencion ¶ Bien maleureuse est ton affection ¶ Que pense tu: as tu plus grant enuie ¶ De viure en doubte: en ceste courte vie ¶ Qui les mondains a la mort denfer maine ¶ Cest bonne chose de viure en vie certaine ¶ Las: tu scez bien si tu nest insensible ¶ Que cest chose forte: voyre impossible: ¶ Dauoir icy ton ayse entierement ¶ Et apres mort la sus pareillement ¶ Helas: pour tant change condicion ¶ Et le cause: ou tu es autrement ¶ Homme deffait et a perdicion.

¶ Le quel veulx tu: ou vie: ou mort choisir ¶ Choysy des deux: tu as discrecion ¶ Ayme tu mieulx de ton corps le desir ¶ Pour ton ame mectre a damnacion ¶ Que viure vng peu en tribulacion: ¶ Et quapres mort soit ton ame rauie ¶ En gloire es cieulx: qui de nul deseruie ¶ Estre ne peult en ceste vie humaine ¶ Si ne laisse terre: auoir: et demaine ¶ Et pere: et mere: et tout sil est possible ¶ Et viure en peine: et en labeur terrible ¶ En seruant dieu tousiours paciẽment ¶ Cest le chemin qui conduit seurement ¶ Apres trespas: lomme a saluacion ¶ Et qui va autrement il va a damnement: Homme deffait et a perdicion.

¶ Cuide tu cy tousiours auoir loysir ¶ Dauoir pardon sans satisfacion ¶ Et toute nuit en blanc lit mol gesir ¶ Puis a seiour sans operacion ¶ Passer le temps en delectacion ¶ Tant que du tout la chair soit assouuye ¶ Pense tu point quil faille que on deuye: ¶ Et que prengne fin puissance mondaine ¶ Helas ouy: car mort viendra soubdaine ¶ Vne heure a toy: a tout son dart horrible: ¶ Si tres acoup comme chose inuisible ¶ Que pas nauras loysir aucunement: De dire a dieu: peccaui seulement. Ainsi mourras tost sans contriction. Don tu seras par diuin iugement: Homme deffait et a perdicion.

Homme en peril saiche certainement
Que se tu nas autre vouloir briefuement
De tamender: ne autre deuocion
Tu te verras vng iour subitement
Homme deffait et a perdicion.

¶ Sensuiuent les paines denfer comminatoires des peches. et pour pugnir les pecheurs.

Nostre seigneur et redēpteur iesus: bien peu auant sa benoiste passion estāt en bethanie: entra en la maison dun qui auoit nom simon pour prendre sa refection corporelle. ¶ Et comment il estoit a table auec ses apostres et disciples et le lazare frere de Marie magdalene et marthe quil auoit resuscite de mort a vie. de laquelle chose doubtoit ledit simon. cōmāda nostre seigneur audit lazare quil dist deuant toute la compaignie ce que auoit veu en lautre monde. ¶ Adonc icelluy lazare raconta comment il auoit veu en enfer en grādes peines. Premierement les orgueilleux et orgueilleuses. Secōdemēt les enuieux et enuieuses. Tiercement les ireux et ireuses. Quartemēt les paresseux et paresseuses. Quītemēt les auaricieux et auaricieuses. Sextemēt les gloutōs et gloutes. Septiesmement les luxurieux et luxurieuses. Et consequēment les autres entachez daucun peche mortel comme est monstre cy apres.

¶ Premieremen
dit le Lazare Ja
veu des roues e
enfer treshaultes e
une montaigne s
tuees en maniere d
molins continuel
ment en grāt imp
tuosite tournans
Lesquelles roues a
uoiēt crampons de
fer. ou estoient les
orguilleux & orgu
leuses pendus & at
taches.

¶ Orgueil entre
les autres peches
est cōme roy maistre
et capital ung roy
tousiours a grant
compaignie de gē
Si a orgueil grant
compaignie daultres vices. Et comme les roys gardent bien ce qui est a eulx. si
fait orgueil les orgueilleux sur lesquelx a seignourie. ¶ Grant signe de reproba
cion est perseuerer lōguemēt en orgueil. Orgueil aussi dōcques est ung peche qui
desplait a dieu sur tous autres vices autāt cōme humilite luy est plaisante entre
les vertus. Et nest peche que tant face sembler hōme au diable cōme fait orgueil
Car lorgueilleux ne veult estre cōme les autres hōmes. dōcques il fault quil soit
auec le pharisien cōme les autres dyables. Et pour ce que lorgueilleux se veult
esleuer sur les autres hommes. le diable en fait comme la cornille dune noix dure
quelle ne peult casser de son bec. la porte sur une maison haulte. puis la laisse ch
oir bas sur une pierre ou elle se rompt et adonc desceuert et la mangue. Ainsi le diable
essieue les orgueilleux pour les faire cheoir: trebucher: et rōpre le col ou bas puys
denfer. La difference des orgueilleux aux humbles est cōme de la paille au grain
La paille est legiere veult monter hault le vent lemporte et se pert ou le grain pe
sant demeure bas sur la terre et est recueilly. La paille est bruslee ou dōnee a mēger
aux bestes: Et le grain est mis ou garnier et garde pour le seruice du seigneur.
Ainsi les orgueilleux esleuez cōme paille serōt bruslees et deuores de bestes cruelles
en enfer: ou les humbles serōt mis ou garnier de nostre seigneur qui est paradis.
Pour quoy soit delaisse orgueil et humilite aymee: car sans humilite on ne peult
acquerir les autres vertus.

Secondemẽt dit
le lazare iay veu
vng fleuue enge
le: au quel les en
uieux ⁊ ẽuieuses
estoiẽt plongies
iusquez au nõbril
et par dessus les
frapoit vng vẽt
moult froit: ⁊ q̃t
vouloiẽt icelluy
vẽt euiter se plõ
goient dedans
la glace du tout.
¶ Enuie est do
leur et tristesse en
cueur de la felici
te et biẽ dautruy
Le quel peche est
souuerainement
mauluais par ce
quil est contraire
harite souuerainement bonne vertu. pour quoy est grãt signe de reprobation
lequel le diable congnoist ceulx qui seront dãnes. Ainsi que charite est signe
saluation par lequel dieu congnoist ceulx qui sont esleuz pour auoir paradis.
s enuieux sont vrais cõpaignons au diable. car ilz sont cõpaignons a perte
gaingz. Se le diable gaigne faisant aucun mal ilz sen esioyssent auec luy. et
ert quant bien vient a aucun. en sõt tristes et marrys. Les enuieux sont telle
nt infectz et corrumpus que bõnes odeurs leurs sentent mauluais. et choses
lces leurs sont ameres. se sont les bõnes renõmees et prosperites des autres
ais odeurs puantes et choses ameres qui leurs sont doulces sont vices diffa
s. aduersites et fortunes contraires quil sceuent ou oyent raconter des autres
s enuieux quierent leur bien en mal dautruy. quant du mal des autres veu
t guerir le leur en eulx esioyssans. mais ne se guerissent pas aincoys de nou
u se tourmentent. car il ne ont point tel ioye sans desplaisance et tristesse par
y sont tourmentes. Pour quoy qui quiert son bien en mal dautruy il profite
nne celluy qui quiert le feu en leau. ou les raisins sur les espines ¶ Lesquel.es
les faire sont folies. Enuie nest que des felicites et biens de ce monde. car la
usdicte enuie ne peult mõter es cieulx. Cest vng peche difficile a guerir pour
uil est secret. car il est ou cueur ou quel medicines sont difficiles et dãgereuses
tre par quoy a grant peine on en peult guerir.

Tiercemẽt dit le
lazare iay veu vne
caue et lieu tres obs
cur: plain de tables
et destaux cõme vne
boucherie. ou les I
reux et les ireuses es
toient trãspersez de
glaiues tranchans
et cousteaux agus.
¶ Comme paix pre
pare et fait la consci
ence estre habitaciõ
de dieu: ainsi ire la
prepare et fait habi
tacion du diable. ire
ofusque et pert seul
de raison. car en hõ
me ireux raison nest
point. Il nest chose
qui tãt garde lyma
ge de dieu en lõme que doulceur paix, et amour. car dieu veult estre ou est paix
et cõcorde. mais ire les chasse dauec lõme si que dieu ny peult demourer. Comme
ireux est sẽblable a vng demoniacle qui a lennemy en soy pour quoy se tourmẽte
debuse escume par la bouche et crisse les dens pour la destresse que lẽnemy luy fait
Ainsi lõme ireux est tourmente par ire. et fait souuent pis que le demoniacle: car
sans pacience bat femme filz filles et seruiteurs. dit iniures villanies se donne
corps et ame au dyable et dit et fait plusieurs choses illicites et dõmagables. Par
ire le diable gaigne beaucoup. aucunefois tout vne generacion ou tout vng pais
quãt ire si boute. et apres noises. puis vengẽce. cest pour tout destruire et perdre
laquelle chose viẽt souuentefois par vng hõme seul. cõe vng chien ireux esmeust
met en noise et debat plusieurs autres. ¶ Le pescheur trouble leaue que le poisson
ne puisse veoir la nasse affin quil se boute dedẽs. Ainsi le diable trouble lõme par
ire que ne congnoist les grans maulx quil fait. Et de rechef cõme le corbeau pre
mier va menger leul de la charongne. et le dyable par ire premier oste a lomme
furieux leul dentendement. saichant quapres ce fera plusieurs maulx don le pire
est: car lomme non voyant de leger se laisse cheoir en vne fosse. et lõme ireux ou
parfont de peche pour faire grans maulx. ¶ Ire est porte de tous pechez. la quelle
quãt elle est close vertus en lõme sõt a repos. mais quãt est ouuerte le coraige de
lõme est abandõne a mal. si que par ire toutes vertus de luy sont mises hors.

Quartemẽt dit le lazare iay veu une val horrible et tenebreuse ou auoit des serpens grãs et menꝰ ou les peresseux et peresseuses de diuerses morsures estoient assaillis. naurez maintenãt au visage ap̄s alteurs en diuerses parties du corps ⁊ les petis et menus serpens p̄soient la partie ⁊ region du cueur cõme fleiches.

Plusieurs sõt paresseux a faire bien ⁊ diligẽs a mal que silz estoient diligẽs a faire bien cõme mal feroient des biens maintes que par paresse laissent a faire. Paresse est tristesse des biens spirituelx qui ordonnent somme a dieu. par quoy on laisse a dieu seruir du cueur comme on doit de la bouche. et par bonnes euures. et vient par faulte daimer dieu quen laisse a le seruir et faire bonnes euures. Qui veult dieu aimer conuient le congnoistre createur, redẽpteur, et curateur de tous les biens quon a et quon recoit chascun iour cõgnoistre soy mesme pecheur et dieu sauueur et reparateur. Grant folie est quant par paresse ou temps de ceste vie briefue on ne amasse des biens pour la vie eternelle. Celluy qui penseroit comme apres mort ne pourra faire biens et si naura que ceulx lesquelx son viuant aura fait combien sera dolẽt et les regretz quil feroit du temps de sa vie perdu par paresse et des biens quil eust peu faire: sans doubte laisseroit paresse et prẽdroit diligence et de son cueur se conuertiroit a bien faire. Et combien que plusieurs maulx viennent par paresse Toutesfoys en y a deux fort perilleux ce sont paresse de soy conuertir et tourner a nostre seigneur et paresse de soy confesser. Lesquelx deux maulx le dyable procure tant cõme peult car en differant soy conuertir et cõfesser souuent plusieurs meurent despourueuz en grant danger et peril de leurs ames. Si le paresseux sauoit cõme viuent ioyeusemẽt seuremẽt et en repos de conscience ceulx qui se conuertissent a nostre seigneur diligẽment et se confessent souuent Ja nattendroit iour ne demy a soy conuertir et confesser. car bien doit sauoir que cest chose difficile pouoir bien mourir. et auoir mal vescu.

Quintement dit le
lazare iay veu des
chauderons et chau
dieres pleines de hu
iles boullians et de
plomb et autres me
taux fodus esquelx
estoiēt plongies les
auaricieux et auari
cieuses iusques a la
gorge.

On doit savoir
que lauaricieux est
inique a dieu. Car
plus ayme gaigner
ung denier que la
mour de dieu. Mi
eulx ayme perdre di
eu que perdre une
maille Car souuent
pour peu de chose il
ment. ou iure. ou se pariure. et peche mortelement. La foy. lesperance. la charite
que doiuent estre en dieu lauaricieux les met en sa richesse. Premierement foy car
il croit mieulx auoir les choses a luy necessaires par ses richesses que les auoir de
dieu. comme se dieu ne le pouoit aider. ou comme se dieu nauoit sollicitude de ses
seruiteurs. Apres lauaricieux a esperance dauoir plus de ioyes et consolations de
ses richesses que dieu ne luy en pourroit dōner si repute la consolacion des vertus
estre tristesse. Apres lauaricieux a tout son cueur en ses biēs non point en dieu et la
ou est le cueur est lamour et amour est charite. ainsi lauaricieux a sa charite en ses
richesses. Lauaricieux peche en mal acquestant ses richesses en mal vsant dicelles
en trop les aimant & souuent plus que dieu. Lauaricieux se prent au trebuchet du
dyable pour vng peu des biens temporelx comme la souris se prent en la ratoire
pour gaigner vne noix. Et le poisson pour vng ver se prēt a lamesson et pour le
ver pert sa vie quant en prenant il est pris. Ainsi lauaricieux frauduleusement ac
querant richesses se prent a lamesson du dyable cest peche dauarice. et achiete chier
ce quil prent car en prenāt se prent et se vend & se damne Il est cōme le gros poisson
qui mangue les petis et en la fin est mange quant il est pris. Lauaricieux māgue
les poures et en la fin enfer le mangera. Les auaricieux semblent aux matins qui
gardent la charongne quant leurs ventres sont plains que les oyseaux mourās
de fain nen mangussent. Ainsi lauaricieux plain de biens lesse mourir les poures
pres de luy ou les biens se perdent en son hostel. Il tient les poures en sa subiection
Et le dyable le tient en la sienne.

¶ Septemẽt dit le Lazare iay veu en vne vallee vng fleuue ord ⁊ trespuant au riuaige duquel auoit vne table auec touailles tresdeshõnestes ou les gloutõs ⁊ gloutes estoient repeus de crappaulx et autres bestes venimeuses. et abeuures de leaue dudit fleuue ¶ La gorge est la porte du chasteau du corps de lomme mais quant les ennemis veullẽt prãdre vng chasteau silz gaignent vne foys la porte ilz [illegible] apres le chasteau. Aussi le diable sil gaigne vne foys la gorge de lomme par gloutonnie facilement aura le remenãt. et entrera dedens le corps auec sa cõpaignie de tous peches. Car les gloutons de leger se cõsentent a tous vices. Et pour ceste cause seroit necessaire vne bonne garde a ceste porte que le dyable ne la gaignast ¶ Car quant on tient le cheual par la gueulle on le meine ou len veult. si fait le dyable lõme glouton ou il veult. Le seruiteur trop aysé nourry souuẽt est rebelle a son maistre. Et le corps trop remply de vin et de viande est rebelle et contumax a lesperit Si que ne veult faire bonnes euures. Par gloutonnie plusieurs sont souuent mors qui eussent vescu longuemẽt ainsi ont estes homicides de eulx mesmes. Car exces de trop boire et mãger corrompt le corps et engendre maladie de laquelle souuent on abrege sa vie. Et ceulx qui bien nourrissent leur corps preparent la viande que les vers mangeront. Ainsi le glouton est cuysinier aux vers. Vng hõme de bien auroit hõte destre cuysinier a quelque seigneur. Plus dõcques deuroit auoir honte destre cuysinier aux vers. Ceulx qui viuent selon le desir de la chair viuẽt de la reigle du porceau. mẽgent sans heure et sans mesure. Ainsi le porceau est comme leur abbe duquel tiennent la reigle. Par quoy sont cõtraintz eulx tenir en cloistre cest en la tauerne et cõme le porceau qui est leur abbe concher en la boue. cest en linfection et puanteur de gloutonnie.

¶ Septiemement di
le lazare iay veu en
vne plaine et cham
paigne des puys p
sons plains de feu
et de souffre don p
soit fumee trouble
et puante: esquelx
les luxurieux et lu
xurieuses estoient
Luxure est le pe
che de tous qui pl
plait au diable par
ce quil macule le corp
et lame ensemble. et
par lequel il gaigne
deux personnes en
semble. Aussi par ce
quil le vante nen
estre point entache
En quoy semble le
luxurieux estre plus difforme que nest le dyable en le superhabondant de ce peche
Vng marchant est fol qui fait tel marche du quel scet bien quil sen repentira Ainsi
le luxurieux a beaucop paine et despent ses biens pour acomplir sa volupte don
apres se repent voire de sa peine prinse et de ses biens despendus: mais nest pas
quicte pour ainsi soy repentir sãs faire souffisãte penitence. Le luxurieux viuant
est tourmente de trois tourmens denfer. de chaleur, de pueur, et de remors de cõ
science. Car il art par sa concupiscence. Il est puant par son infamete car tel peche
est tout puãteur qui macule le corps ou tous autres peches ne le maculent point
mais seulement lame. Et si nest point luxure sans remors de cõscience de loffẽse
quon fait a dieu Luxure est la fosse au diable en laquelle fait cheoir les pecheurs
desquelx aucuns aident au diable a eulx getter dedens quant scientement vont
pres de la fosse en laquelle sceuent bien que le dyable les veult mectre. Pour ce est
bonne chose non escouter la fẽme. meilleur chose est non la regarder. et tresbonne
chose est ne la point toucher. A ce peche apertiennent les ordes paroles vilaines
chansons et atouchemens deshonnestes qui sont de luxure par quoy on peche sou
uent lesquelles paroles et chansons ne abhorent point maquerelles paillars pu
tains et ceulx qui frequentent et aiment leur cõpaignie ou qui aimẽt et desirent
perseuerer en ce peche de luxure.

¶ La tierce partie du compost et kalendrier des bergiers science salutaire et larbre ou champs des vertus.

Qui veult vne terre faire porter fruictz en abūdāce premier en doit oster toutes choses qui sont nuysibles. et apres la bien labourer et emplyr de bonnes semences ¶ Ainsi doit lomme sa cōscience nectoyer de tous pechés. labourer par sainctes meditations et semer de vertus et bōnes euures pour cueillir fruict de grace et vie eternelle. affin dauoir son desir acomply de longuement viure. ¶ Depuis que doncques cy deuant a este dit des vices Combien que grossement et legierement conuient apres dire des vertus en ceste tierce partie du present liure. La quelle sera comme vng petit iardin plaisant plain de fleurs et arbres: ou quel lame contēplatiue se pourra spacier et esbatre. et par bons enseignemens y cueillir plusieurs vertus et soy edifier en bon exercite dont sera paree et aornee deuāt son espoux ihesucrist quant viendra la visiter et pour demourer auec elle. ¶ Au commencement de la quelle partie sera loraison dominicale de nostre seigneur ensēble vne petite declaration precedente pour mieulx lentendre et contiēdra six parties. ¶ La premiere sera ladicte declaration et oraison nostreseigneur. ¶ La seconde la salutation que fist gabriel a marie quant elle conceupt son enfant ihūs. La tierce les douze articles de la foy. La quarte les dix commandemens de la loy ¶ La. v. les cinq commandemēs de saincte eglise. La. vi. le champs des vertus et la tour de sapiēce. ¶ Pour le premier on doit sauoir que par loraison de nrēseigneur cest la patenostre quāt nous la disons nous demādons a dieu souffisāment toutes choses necessaires pour le salut de noz ames et de noz corps non pas seulement pour nous: mais pour tous autres. et pour ceste cause on doit auoir ladicte oraison en grande contēplation et la dire a dieu reuerēment et deuotement. Aux ieunes gens et autres qui ne la sceuent on la doit aprendre et enseigner. et leur dire que se plainement et clerement ne la peuent entendre neantmoingz leur prouffite cōme a ceulx qui lentēdent pour acquerir grace et misericorde de nostre seigneur et finablemēt la gloire maisque en vray foy. charite. et amour de luy soit dicte. ¶ Ladicte oraison contient sept peticions et requestes quon fait a dieu quant on la dit. et par chascune desdictes peticions on peult entēdre sept autres choses. cestassauoir les sept sacremēs de saincte eglise: lesquelx fermemēt on doit croire. Les sept dons du saint esperit: lesquelx humblement doiuent estre reuerez ¶ Les sept armures de iustice spirituelle quon doit vestir pour batailler contre les vices. Les. vii. euures de misericorde corporelle et. vii. de misericorde spirituelle lesquelles piteablement on doit faire et acomplir. Les sept vertus principales lesquelles diligemment on doit acquerir. Et les sept vices capitaulx qui sont sept pechez mortelx: lesquelx tout hôme doit euiter et fouyr. La dicte declaration est telle: premierement sus la premiere peticion ¶ Nostre pere qui es es cieulx sainctifie soit ton nom ¶ Par laquelle peticion nous requerons a dieu nostre pere createur omnipotent que soyons ses filz: car autremẽt ne pourroit estre dit nostre pere. et que son nom soit sainctifie de nous plus que nulle autre chose. pour quoy recepuons le sacrement de baptesme sans lequel nul ne peult estre filz de dieu. ne sainctifier le nom de dieu. et recepuons le don du saint esperit dit le don de sapience pour sauoir hônorer et reuerer dieu le pere et dieu le filz: Nous vestons le aubergon de humilite côtre orgueil et reuestons les poures nus corporellement: auons compassion des indigens spirituellement. acquerons en nous la vertu de prudence et euitons le vil peche dorgueil. ¶ La seconde peticion. Ton royaulme nous aduiegne. Par laquelle peticion pour tant que le nom de dieu ne peult estre parfaictement sainctifie de nous en ce monde. luy requerons son royaulme ou quel parfaictement le sainctifierons et du quel serons heritiers côme ses vrays enfens. Laquelle peticion nous donne entendre le sacrement de prestrise par lequel sumes instruictz a faire bônes euures. et le don du saint esperit dit don dentẽdemẽt pour sauoir desirer le royaulme de paradis: Si nous armôs du haulme de largesse contre auarice: dônons a menger a ceulx qui ont fain corporellement. et corrigons les dissolus spirituellement. ainsi acquerons en nous la vertu de force et euitons le peche dauarice. ¶ La tierce peticion. Ta voulente soit faicte en la terre côme au ciel. Et car la vray voye pour aler en paradis est faire la voulente nostreseigneur cest que ses cômandemens soient acomplis. Par ceste peticion luy faisôs obeissance de noz cueurs quât luy requerons faire sa volente qui nous donne entendre le sacrement de mariage par lequel on euite fornication et le don de conseil du saint esperit pour veritablement ordonner nostre obedience: Si nous armons du bloquer de consolation côtre enuie. donnons a boyre a ceulx qui ont soif corporellement et enseignons les ignorans spirituellement: par quoy acquerons la vertu de iustice. et euitôs le peche denuie. ¶ La quarte peticion. Nostre pain cothidian donne nous auiourduy. Par laquelle peticion requerôs a dieu estre substentes de pain materiel pour noz corps. et de pain spirituel pour noz ames cest du pain de vie le corps de ihesucrist. Par quoy nous recepuons le sacrement de lautel en memoire de sa passion et desirôs auoir le don de force du saint esperit pour estre ferme en la foy crestienne Prenons le glaiue de pacience contre le peche dire. Visitons les malades corporellement:

et pacifions les discors spirituellement. Acquerons en nous la vertu dattrempence et euitons le peche de ire. La cinquiesme peticion. Et nous pardonne noz pechez comme a tous nous pardōnons. Les trois peticions sequentes nous requerons a dieu que soyons deliurez de tous maulx qui sont trois en nōbre. Le premier et le pire est mal de coulpe celluy qui est a cōmis et que cōmettons par peche mortel. et par ceste peticion demandons a dieu quen soyons absoulz. nous en donne pardon par sa misericorde. par quoy nous entendons le sacrement de penitence et la remission des pechies. le don du saint esperit dit don de science pour sauoir faire bonnes euures et euiter les vices. Si vestōs les chausses de legerete contre paresse. visitōs et cōsoltons poures prisōniers corporellemēt. et dōnons bon cōseil aux desoles et decōfortes spirituellement. acquerons en nous la vertu de foy et euitōs le peche de paresse. ¶ La sixiesme peticion. Et ne seuffre pas que nous soiōs vaincus en temptacion. Pour le second mal qui nest pas cōmis mais peult aduenir. et y pouōs encheoir par moien de temptation. Si requerons a dieu par ceste peticion que soiōs fermes et perseuerās en bōnes euures et en la vertu de esperance. et fors pour resister aux tēptacions A quoy nous vault le sacremēt de cōfirmacion qui nous dōne certitude du bien que nous esperōs moienēt le don de verite du saint esperit qui nous fait perseuerer en nostre credence ¶ Si doit on prandre la sance de sobriete contre le peche de gloutonnie. Et recepuoir en sa maison poures pelerins estrangiers corporellement. pardonner les offenses a soy faictes spirituellement. car ainsi on acquiert la vertu de esperāce et euite len le peche de gloutōnie. ¶ La septiesme peticion. Mais garde nous de mal amen. Le tiers mal est mal de paine et toute chose qui empesche de seruir a dieu. du quel mal et de tous nous requerons par ceste peticion estre deliurez et que soiōs saulues en paradis. disons amen. cest a dire ainsi soit fait cōme nous desirōs. Par quoy recepuōs le sacremēt de derraine vnction qui nous baille certainete de la voye de salut. auec le don de crainte du saint esperit: par quoy doubtons le diuin iugement & saingnons noz rains du baudrier de chastete contre luxure. Si ensevelissons les mors corporellement et prions pour noz ennemis spirituellement. Acquerons en nous la vertu de charite et euitons le peche de luxure. ¶ Autre declaration de la patenostre.

¶ Nre pere tressouuerain merueilleux en creation: doulx a aimer. et riche de tous biēs. q̄ es es cieulx miroer de trinite. courōne de iocūdite et tresor de felicite. Sainctifie soit ton nom tāt quil soit miel en nostre bouche. harpe doulcemēt sonnant en noz oreilles. et deuocion perseuerante en noz cueurs. Ton royaulme nous aduiengne ou quel serons ioyeulx sans aucune tristesse. en repos sans perturbation. et asseures

¶ Sensuit le liure de ihesus
Nostre pere qui es es cieulx ¶ Sainctifie soit ton nom.
Ton reausme nous aduiengne ¶ Ta volente soit faicte
en la terre comme au ciel ¶ Nostre pain cotidian donne
nous auiourdhuy ¶ Et nous pardõne noz pechez comme
a tous nous pardonnons ¶ Et ne seuffre pas que nous
soiõs vaincus en tẽptation. Mais garde nous de mal. ã
Je te salue
de grace no
est auec toy

de iamais ne se perdre. Ta voulente soit faicte en la terre cõme au ciel. si q
haissõs tout ce que tu hez. que nous aimõs tout ce que tu aime. et que nous
tousiours tes commandemens. Nostre pain cothidian donne nous aiourd
assauoir pain de doctrine. pain de penitence. et pain pour noz corps substent
nous pardonne noz peches que auõs faiz contre toy. cõtre noz prouchains.
nousmesmes. Ainsi comme nous pardõnons a tous ceulx qui nous ont off
par paroles. ou en noz corps. ou en noz biens. Et ne seuffre pas que soiõs v
en temptacion. cestassauoir du monde. de la chair. ou du dyable. Mais gar
de mal. fait et passe. present. et aduenir. Amen. ¶ En listoire cy dessu
pour simples gens est cõtenue la patenostre ꝯ saincte oraison qui se dit a dieu
a dieu le filz. et a dieu le saint esperit. et non a autre. Laquelle oraison cõtien
prent tout ce que len peult iustement a dieu demander. Et nrẽseigneur ihes
fist affin que plus grande esperance et deuocion y ayons. et ce fut quãt vne
doctrinoit ses apostres les enhortant especialemẽt de faire oraison. Et iceul
bons disciples desirans de prouffiter le prierent humblement disant: ¶ Seig
maistre apren nous a orer. Adonc nrẽ seigneur ouurit sa sacree bouche disant
voul dies faire oraison dites ¶ Nostre pere qui es es cieulx Sainctifie soit t
Ton royaulme nous aduiengne Ta voulente soit faicte en la terre comm
Nostre pain cothidian donne nous auiourduy Et nous pardõne noz pech
a tous nous pardõnons Et ne seuffre pas que nous soyõs vaincus en tem
Mais garde nous de mal Amen.

Tu es benoite sur toutes femmes. et benoist est le fruit de ton ventre iesus.

Saincte Marie mere de dieu prie pour nous pecheurs. Amen

¶ La salutation qua fait gabriel a nostre dame est en listoire deuant et deux autres parties de laue maria sont en listoire cy dessus

¶ Secõdemẽt au liure de iesus ensuit laue maria et est tel. Je te salue marie plaine de grace nostre seigneur est auec toy Tu es benoiste sur toutes femmes et benoist est le fruit de ton vẽtre iesus Saĩcte marie mere de dieu prie pour nous pecheurs Amen En laquelle aue maria sõt trois misteres ¶ Le premier est salutation qua fait lange gabriel. Le second est louenge et commendation qua fait elizabeth mere saint iehan baptiste. Le tiers est supplicacion qua fait sctẽ eglise. Et sõt les plus belles parolles que puissions dire a nostre dame que laue maria. ou nous la saluõs. louons. prions et parlons a elle. Et pour ce seulement se dit a elle et non mie a saincte katerine ou a saincte barbe ou a autre saincte ou sainct. Et se tu me demande cõment doncques prierons nous les sains et les sainctes ¶ Je te respons quon les doit prier ainsi que les prie saincte eglise en disant a saint pierre Mõseigneur saint pierre prie dieu pour nous. Monseigneur saint estienne prie dieu pour nous. Ma dame saincte katerine prie dieu pour nous. Ma dame saincte barbe prie dieu pour nous. Mõseigneur saĩt denis prie dieu quil nous doint sa grace: quil nous pardõne noz pechez nous doint faire sa volẽte penitẽce. et garder ses cõmandemens. nous doint paix. paciẽce. humilite et les autres vertus. Et ainsi prierons les sains et les sainctes et les anges selon la necessite que nous aurons.

S. pierre S. andre S. iaques le grãt S. iehan S. thomas S. iaques le mi[neur]

Je croy en dieu le pere tout puissãt createur du ciel et de la terre

Et en iesucrist son filz vn seul nostre seigneur

Qui fut conceu du saint esperit ne de la vierge marie

Souffrit dessoubz ponce pilate fut crucifie mort et enseueli

Descendit es enfers le tiers iour resuscita de mort

Monta es cieulx se siet a la dextre de dieu le pere tout puissant

¶ Tiercement au liure de ihesus et science salutaire. Densuit le credo ou sont les douze articles de la foy: que nous deuons tous fermement croire: sur paine de damnation. et a este fait et cõpose par les douze apostres de nostre seigneur. desquelx vnchascun apostre a mis son article cõme est mõstre en listoire cy dessus et es personnages contenus en icelle: tant dune part que dautre. Et est nr̃e foy catholique contenue en les articles le commẽcement de nostre salut. sans lequel nul ne peult estre saulue ne faire chose qui soit agreable a dieu Et doit estre foy ou cueur par congnoissance de dieu. en la bouche par confession et louenges de luy: en operation par exercice de ses cõmandemens et bõnes euures. lesquelles demõstrent ceulx qui les font auoir vraie foy et viue cest a dire vertueuse pour les sauluer. Et combien que la foy en cueur soit bonne. et celle en bouche aussi: touteffoys la meilleure est celle qui gist es bõnes euures que lon fait celle mesme foy qui est en la bouche est ou cueur car il nest que vne foy cõe il nest que vn dieu ¶ Densuyt dõcques le credo du quel le premier article a mis saint pierre disãt: Je croy en dieu le pere tout puissant createur du ciel et de la terre. Saint andre le second disãt. Je croy en iesucrist son filz vnseul nostre seigneur. Saint iaques le grant le tiers disant. ¶ Je croy qui fut conceu du saint esperit ne de la vierge marie. Saint iehan le quart disant. Je croy quil souffrit dessoubz ponce pilate: fut crucifie mort et enseueli. Saint thomas le cinquiesme disant. Je croy quil descẽdit es enfers le tiers iour resuscita de mort. Sait iaques le mineur le sixiesme disãt. Je croy quil mõta es cieulx se siet a la dextre de dieu le pere tout puissant.

phelippe S. barthelemi S. mathieu S. simon S. iude S. mathias

n apres viẽ a iuger les fz et les mors | Je croy en sainct esperit | La saincte eglise catholique | La communion des sais la remission des pechez | La resurrection de la chair | La vie eternelle Amen

Saint phelippe le septiesme disant. Je croy que en apres viendra iuger les vifz et les mors. Saint barthelemy le huitiesme disant. Je croy en saint esperit Saint mathieu le neufuiesme disãt. Je croy la saincte eglise catholique. Saint simon le dixiesme disãt. Je croy la communion des sains la remission des peches. Saint iude le unziesme disant. Je croy la resurrection de la chair. Saint mathias le douziesme disant. Je croy la vie eternelle Amen. Et cestuy saint credo tout hõme et toute femme doit savoir puis que on a usaige de raison. Et le doit dire hascun iour matin et soir devotement car cest une moult grant devotion. Et our ce le bon crestien tãtost qui se lieve de son lit et est abille et vestu se agenouille mpres son lit ou ailleurs et premierement se seigne du signe de la croix: puis dit redo in deum. Ou Je croy en dieu le pere tout puissant: cõme cy dessoubz ensuyt pres la patenostre a dieu: et a nostre dame lave maria. Et se recommãde a son on ange. en luy faisant telle oraison se autre ne luy scet faire disant. Mon bon nge garde moy bien. Pareillement au soir quant on va reposer le doit faire a out le moins le iour deux foys au matin et au soir.

Sensuit le credo comme on le doit dire.

e croy en dieu le pere tout puissant createur du ciel et de la terre. Et en iesucrist on filz un seul nostreseigneur. Qui fut conceu du saint esperit ne de la vierge arie. Souffrit dessoubz ponce pilate fut crucifie mort et enseveli. Descendit es nfers le tiers iour resuscita de mort. Mõta es cieulx se siet a la dextre de dieu le ere tout puissant. En apres viendra iuger les vifz et les mors. Je croy en saint sperit. La saincte eglise catholique. La communion des sains la remission des eches. La resurrection de la chair. La vie eternelle Amen.

Dix cōmādemēs de la loy

¶ Ung seul dieu tu adoreras
et aymeras parfaictement
¶ Dieu en vain ne iureras
ne autre chose pareillement
¶ Les dimenches tu garderas
en seruant dieu deuotement
¶ Pere et mere honnoreras
affin que viues longuement
¶ Homicide point ne seras
de fait ne volentairement
¶ Luxurieux point ne seras
de corps ne de consentement
¶ Lauoir dautruy tu nembleras
ne retiendras a escient.
¶ Faulx tesmonniage ne diras
ne mentiras aucunement.
¶ Leuure de chair ne desireras
quen mariage seulement.
¶ Bien dautruy ne conuoiteras
pour lauoir iniustement.

Quartement au liure de ihūs sōt les .x. cōmandemens de la loy. Lesquelx le saint hōe moise en la mōtaigne de sinay receut de dieu et les bailla au peuple. et iceulx cōmādemens doiuent garder et acōplir sur paine destre dānez en corps et en ame tous et toutes q̄ ont entier vsaige de raison. Car sās cōgnoissāce diceulx conuenablemēt on ne peult euiter les peches. ne les cōgnoistre et soy en veritablemēt cōfesser. Pour quoy lignorāce diceulx venue par desir affection ou malice ne excuse poīt ceulx qui ne les sceuēt mais accuse et condēne et pour ce nr̄eseigneur cōmāde quon les ait en meditation en sa maison et dehors. en dormāt et en veillāt. et en toutes euures. et ainsi on est tāt oblige de garder que celluy q̄ nen auroit oy parler ne ne cuideroit mal faire sil en trespassoit. i. volētairemēt deliberemēt morāt aīsi seroit dāne pdurablemēt. et par ce appt lignorāce des cōmādemēs fort perilleuse. Pour quoy chascun estudie pour les sauoir et les aprendre a ceulx et celles desquelx on rendra compte

¶ Quatre benedictions que auront ceulx qui garderont les commandemens de dieu.

Mes toutes tes affections A tenir et garder ta loy: Les quatre benedictions De dieu: si descendrons sur toy ¶ Car tu seras premierement Paisiblement en ta cite: Sans auoir nulle aduersite Ne souffrir nul encombrement. ¶ Ton champt sera secondement Plain de eureuse fertilite Et viendra a maturite Ton ble ton grain et ton froumēt ¶ Et si te assure tiercemēt Ta fēme aura fecōdite Et auras ta necessite Des biens mōdains souffisāment ¶ Dieu te gardera quartement De mauluaise sterilite Car ta terre aura a plante Arbres fruictz et biens grandemēt

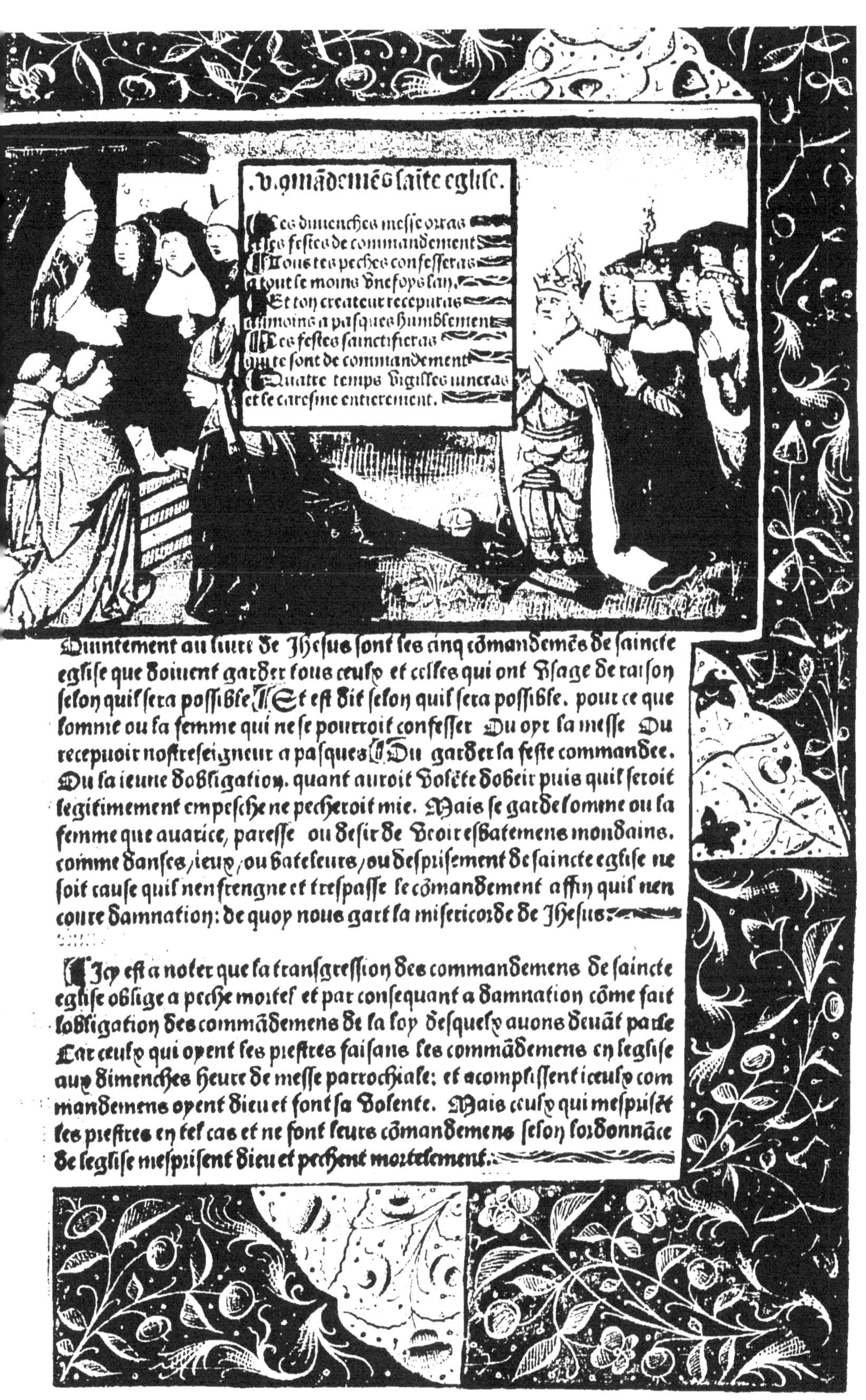

. v. ꝯmãdemẽs saite eglise.

Les dimenches messe orras
et les festes de commandement
Tous tes peches confesseras
a tout le moins vne foys lan.
Et ton createur receupras
au moins a pasques humblement
Les festes sainctifieras
qui te sont de commandement
Quatre temps vigilles iuneras
et le caresme entierement.

Quintement au liure de Jhesus sont les cinq cõmandemẽs de saincte eglise que doiuent garder tous ceulx et celles qui ont vsage de raison selon quil sera possible ¶ Et est dit selon quil sera possible. pour ce que lomme ou la femme qui ne se pourroit confesser Ou oyr la messe Ou recepuoir nostreseigneur a pasques ¶ Ou garder la feste commandee. Ou la ieune dobligation. quant auroit volẽte dobeir puis quil seroit legitimement empesche ne pecheroit mie. Mais se garde lomme ou la femme que auarice, paresse ou desir de veoir esbatemens mondains. comme danses, ieux, ou bateleurs, ou desprisement de saincte eglise ne soit cause quil nenfrengne et trespasse le cõmandement affin quil nen coure damnation: de quoy nous gart la misericorde de Jhesus.

¶ Icy est a noter que la transgression des commandemens de saincte eglise oblige a peche mortel et par consequant a damnation cõme fait lobligation des commãdemens de la loy desquelx auons deuãt parle Car ceulx qui oyent les prestres faisans les commãdemens en leglise aux dimenches heure de messe parrochiale: et acomplissent iceulx commandemens oyent dieu et font sa volente. Mais ceulx qui mesprisẽt les prestres en tel cas et ne font leurs cõmandemens selon lordonnãce de leglise mesprisent dieu et pechent mortelement.

O dieu du haultain firmament Mon vessel soullie plain dordure
Par mon mauluais gouuernement Nage en mer en grant adventure
Le vessel cest sa creature Et tout ce qua luy apertient
Cest desir mondain qui peu dure Dont peu souuent nous en souuient
¶ Naturellement cheminer Il me conuient vng iour auant
Et ne say comme gouuerner Mon vessel derriere ou deuant
Jen ay le cueur triste et dolent Moy qui suis en mon ieune eage
Car ie men voys tout en parlant Comme passe vent ou oraige
¶ De grant peur le cueur me depart Car faire me fault partement
Dicy. et ne say quelle part Tirer: pour mon auancement.
Mon dieu mon pere qui ne ment Se mon vessel nest conuoye
Par vous: a port de sauuement En peril suys destre noye
¶ Ancrer me fault en ceste mer Tant qua mon createur plaira
Quung voyage doit estre amer Quant on ne scet ou on yra
Ne le iour que on partira Plus y pense et plus mennoye
Cil qui me fist et deffera Me conduise sa droicte voye
¶ Neantmoingz a mō dieu ie cōmectz Mon veiage et tout mon afaire
Et en sa grace ie me metz Mieulx ne me seroye ou retraire
Il scet ce qui mest necessaire Si le requier apres tous dis
Quen fin iaye pour tout salaire Le royaulme de paradis
¶ Helas quel dure departie Quant il ny a point de deport
Pour dieu soyez de ma partie Vierge marie: mon seul confort
Faictes moy ancrer a bon port Mon vessel et le gouuernal
Arriere du puant et ort Lieu damnable gouffre infernal
¶ A dieu ie men voys sans actendre Mon chemin: car ie suys soupris
Puis que mon voyle ay voulu tendre Et que le nauiron ay pris
Jamais ie ne seroye repris De cheminer le droit chemin
Que noz ancestres ont apris Et qui deuant nous ont pris fin
¶ Le parcoy ie a perdicion Mon vessel esgare en mer
Pour finable conclusion Mon voyage me fault finer
Vray dieu vueilles moy deliurer Du damne sathan plain denuie
Et mon ame en gloire mener En saincte et pardurable vie

¶ Nos sumus in hoc mūdo: sicut nauis super mare. Sēper est in periculo semper timet accubare. Peruigilanti oculo: nos oportet remigare. Ne bibamus de poculo: dire mortis et amare.
Est homo res fragilis cutis opressa labore Mortis/iudicii/baratri pro plexa timore. Si virtus sola tutā dat ducere vitam. Virtus sola potest eternam condere famam Felicem merita faciunt: non copia rerum Grandia non ditant: ditat bene grandibus vti.

Discite mortales
q̄ sint mortalia vana
Precessere patres matres
magniq; parentes
Nos sequimur. paribus
ad mortem passibus imus
Unde superbimus
in terram terra redimus
Nuper non fueram nec ero
post tempore pauco
Milia nunc putriunt
quorum iam nulla voluptas
Perdita fama silet
anima anxia forsitan ardet
Qui finem attendit felix
et qui bene vivit
Ergo quisquis ades precor
hic sta/perlege/pensa
Mortem premetuens
Veniam pete/cor/tere/plora
De reliquis cautus bene fac
te crimine serva
Vive mori presto
munda sub mente quietus
Semita non virtus
deus optimus. & chora. portus
Felix qui potuit tam tutum
tangere portum
Sed miser est quicunq;
cadet sub peste gehenne

Lhomme mortel viuant au monde bien est compare au nauire sus mer ou riuiere perilleuse portant riches marchandises lequel se peult venir au port que le marchant desire icelluy sera eureux et riche. Le nauire dez quil entre en mer iusques a fin de son voyage iour et nuit est en continue peril destre noye: robe: ou prins des ennemis. car en mer sont perilz sans nombre. Tel est le corps de lomme viuāt au monde. sa marchandise est son ame. ses vertus. et bonnes euures. le port est la mort et paradis pour les bons. quiconque p̄ paruient est eureux et souuerainement riche. La mer a passer est le monde plain de faulsete. de pechez: et dennemis. ou qui fault a passer est en peril de perdre corps. et ame. et tous biens. et de estre noye eternellement en la mer denfer. De quoy dieu nous gart Amen

En cheminant plus oultre ou champs des vertus et en la voye de salut. pour venir a la tour de sapience necessairement conuient aimer dieu. car sans amour de dieu on ne peult estre saulue. et qui le veult aymer premier le doit congnoistre car de sa congnoissãce on vient a son amour qui est charite la souueraine des vertus. Ceulx cõgnoissent dieu et laimẽt qui font ses commandemens. et ceulx lignorent qui ne les font mie. aux queulx en grande necessite de leur trespassemẽt. et au iour du iugement les ignorera ꝛ leur dira. Je ne vous cõgnois ꝛ ne scay qui vous estes alez mauldis hors de ma compaignie. Congnoissons doncques dieu et laimons et se ainsi voulons faire congnoissons premierement nous mesmes. car par congnoissance de nous viendrons a congnoissãce et amour de dieu. et tant plus nous congnoistrons tãt mieulx cõgnoistrõs dieu. mais se sumes ignorãs de nous ia naurõs cõgnoissance de dieu. A ce propos fault noter vne chose ꝛ en sauoir sept. la chose quon doit noter est. Qui cõgnoist soy mesme congnoist dieu et ia ne sera damne. et qui ne se cõgnoist aussi ne congnoist dieu et ia ne sera saulue. entẽdu de ceulx qui ont sens et discretion auec laage requis pour sauoir congnoistre. de laquelle cõgnoissance nullup nest excuse apres quil a peche mortellemẽt pour dire car il en soit ignorant. Par ceci appart lignorance de soy et de dieu tresperilleuse. peche mortel. ꝛ commencement de tout mal. et le contraire. congnoissance de dieu et de soy tresnecessaire. souueraine science. et vertu commencement de tout bien. ¶ Les sept choses quon doit sauoir sõt pmierement Les articles de la foy lesquelx on doit croire fermemẽt. Item les petitiõs contenues en loraison nostre seigneur par lesquelles on luy demãde toutes choses necessaires pour son salut et quon doit esperer de luy. Item les cõmandemẽs de la loy et de saincte eglise qui enseignent ce quon doit faire ꝛ ce quon ne doit mie faire. Item de quelle vocation on est. ꝛ les choses apertenãtes a icelle. Item se on est en grace de nrẽ seigneur ou non. et combien que on ne le puisse sauoir certainement: toutesfoys on en peult auoir aucũes cõiectures lesquelles sõt bõnes a sauoir. Item cõgnoistre dieu. Item cõgnoistre soy mesme. Par lesquelles sept choses on viẽt a la vray amour et charite de dieu pour faire ses cõmãdemẽs et meriter le royaulme de paradis. ou quel on viura lõguement. ¶ Des trois premiers est assez dit. cest assauoir des xii articles de la foy esquelx gist nrẽ foy et credẽce. et des choses que deuons demãder a dieu esquelles gist nostre esperãce. Aussi des commandemens de la loy et de saincte eglise ou se demonstre charite en ceulx qui les acomplissent. Car probacion damour de dieu est faire les cõmandemēs et bōnes euures. Reste dire des autres quatre et premierement de la vocacion en quoy on est: qui est la quatriesme chose que tout hōme doit sauoir. ¶ Tout hōme doit sauoir sa vocacion et les choses appartenātes a icelle estre iustes et hōnestes pour son salut et le repos de sa conscience. Ung bergier doit sauoir lart de bergerie gouuerner brebis les mener en bonne pasture et medicinet quāt sont malades tondre quāt la saison est que par sa faulte nēsuiue dōmaige a son maistre. Celluy qui labeure la vigne doit cōgnoistre le boys qui doit aporter fruict et couper le mauuais et selon les tēps et lieux bailler les facōs que le maistre a qui appartiēt nen soit dōmage. Ung medecin doit sauoir conforter et guerir malades silz sont guerissables sans ignorer lart de medicine. Ung marchant doit cōgnoistre et debiter sa marchādise sans frauder autruy plus que vouldroit estre. Ung aduocat vng procureur doiuēt sauoir les drois et coustumes des lieux que par leur faulte iustice ne soit paruertie. Ung iuge doit congnoistre des parties oyes la quelle a droit et la quelle a tort et rēdre a chascune ce quelle doit auoir. Ung prestre vng religieux doiuēt sauoir leurs reigles et garder: et sur tout doiuēt sauoir la loy de dieu et enseigner a ceulx qui ne la sceuent ¶ Et ainsi des autres vocacions car tout hōme qui ne scet sa vocacion nest digne dy estre: et vit en continuel peril de son ame pour ignorance de ne la sauoir. ¶ La cinquiesme chose que tout hōme doit sauoir sil a entēdement et aage de discrecion cest Sil est en grace et amour de dieu: ou non. Et combien que soit tant difficile que dieu seulement le congnoist toutesfoys on en peult auoir coniectures qui le demonstrent et souffisent pour sauoir a bergiers et simples gens se ilz sont en amour de nostre seigneur et sil en ont coniecture dy estre pour ce ne se doiuēt reputer iustes ainsoys se doiuēt plus humilier et demāder sa misericorde qui fait les pecheurs deuenir iustes et nō autre chose. Principalement on doit sauoir ceste science ou temps quon veult recepuoir le corps de ihesucrist car qui le recoit en sa grace recoit son saufuement et qui ne le recoit en sa grace recoit son dampnement. De la quelle chose chascun est iuge de soy mesme et de sa conscience non autre. ¶ Les coniectures pour congnoistre si on est en grace de dieu sont premierement quant on a trauaille de nectoier sa cōscience et faire belle son ame par penitēce autāt comme on trauailleroit pour gaigner quelque grant bien ou pour euiter quelque grāt mal. et quon ne soit coulpable daucun peche fait ou en voulente de faire ny en aucune sentence lors est coniecture quon soit en grace de nostre seigneur. La seconde coniecture qui le monstre pareillement est quant on est plus prompt et diligēt a garder les commādemens de dieu et faire bonnes euures que len auoit acoustume. ¶ La tierce est quant on oyt voulentiers la parole de dieu les predicacions et bons conseilz pour son salut. La quarte est quãt on a douleur & cõtriction ou cueur dauoir cõmis et fait peche. La cinquiesme est quãt on a propos et voulente de soy abstenir et garder de pecher ou temps aduenir. Ces coniectures sont par lesquelles bergiers et simples gens sceuẽt silz sõt en grace de nr̃eseigneur ou non autant cõme a eulx est possible de sauoir. ¶ La sixiesme chose que tout hõme doit sauoir est car tout homme doit cognoistre dieu pour acõplir sa voulente & cõmandement par lequel veult estre ayme de tout le cueur/de toute lame/& de toutes les forces quon a/ce quon ne pourroit faire qui ne le congnoistroit. car on ne sauroit aymer ce quon ne cõgnoist qui veult dõcques aimer dieu le doit cõgnoistre & tãt plus on le cõgnoist et plus on layme. Pour quoy cy apres sera dit comme bergiers & simples gens le sceuent congnoistre. ¶ Bergiers & simples gẽs pour congnoistre dieu de leur possibilite considerẽt trois choses. La premiere est car ilz considerent de dieu sa tresgrande richesse/sa tresgrande puissance/sa souueraine dignite/sa souueraine noblesse/et sa souueraine ioye et lyesse. ¶ La seconde est car ilz considerent de dieu ses tresnobles/tresgrans/et tresmerueilleux ouuraiges. Et la tierce est car ilz considerẽt les innumerables bñfices quilz ont receus & que continuelemẽt chascũ iour recoiuẽt de luy & par ces consideracions viẽnẽt a sa congnoissance. ¶ Premierememẽt pour congnoistre dieu bergiers & simples gens considerẽt sa tresgrãde richesse la plantureuse habondance des biens quil a. car tous tresors et biens du ciel et de la terre sont a luy qui tous biens a fait et desquelx est fontaine createur et maistre et seigneur: et les distribue a largesse a chascun. et na necessite de nulluy pour quoy conuiẽt dire car il soit tresriche. Secõdemẽt il est trespuissant: car par sa tresgrande puissance a fait ciel/terre/mer/et toutes choses que y sõt & pourroit deffaire si son vouloir estoit. a laquelle puissance toutes autres sont subgectes et tremblent deuant elle pour sa grãde excellance & qui vouldroit considerer chascun ouuraige de dieu trouueroit assez a merueiller. ¶ Par la premiere de ces consideracions on congnoist dieu estre tresriche pour pouoir remunerer ses amys. et par la seconde on le cõgnoist trespuissant pour soy pouoir vẽger de ses ennemis Tiercement il est souuerainement digne: car toutes choses du ciel et du monde luy doiuent honneur et reuerẽce comme au createur et celluy qui les a faictes et du quel sont venues. ainsi on voit enfans honnourer et reuerer leurs peres desquelx sont descẽduz par generacion. et toutes choses sont descendues de dieu par creacion. au quel pour ce doiuent hõneur et reuerance. doncques il est souuerainement digne. ¶ Quartement il est souuerainement noble. car qui est souuerainemẽt riche puissãt ⁊ digne se cõuiẽt estre souuerainemẽt noble. mais nul autre que dieu na richesse puissance ou dignite cõme luy. pour quoy ne tel noblesse. fault dõcques dire quil soit tresnoble

¶ Quartemẽt il a souueraine ioye et liesse. car celluy qui est tresriche: trespuissant: tresdigne: tresnoble: nest point sans auoir souueraine ioye. et ceste ioye est plenitude de tous biens. et doit estre nostre felicite et fin: a laquelle debuons esperer paruenir: Cestassauoir veoir dieu en sa souueraine ioye et lyesse: pour auoir auec luy ioye sans fin qui tousiours durera. Et est la premiere consideracion de dieu que bergiers et simples gens ont. ¶ Secondement pour congnoistre dieu considerent les tresgrans/ tresnobles et tresmerueilleux ouuraiges la bõte ⁊ beaute des choses quil a faictes. on dit car on cõgnoist louurier a son ouuraige. Cõgnoissons doncques les ouuraiges de dieu et congnoistrons que sa bonte et beaulte reluisent es choses quil a faictes. lesquelles si elles sont bonnes. et si elles sont belles. conuient louurier qui les a faictes estre tresbon et tresbeau sans cõparaison plus que chose par luy faicte. ¶ Soit cõsidere des cieulx et choses que y sont le tresnoble ⁊ tresmerueilleux ouuraige. Et comme on pourra soit considere leur beaute et bonte. Soit considere aussi comme len pourra de la terre le tresnoble: ⁊ tresmerueilleux ouuraige de dieu: lor/largent tous metaulx ⁊ pierres precieuses/en elle. Les fruitz quelle porte/les arbres et bestes quelle soustient et de sa bonte les nourrit. Soient considerees pareillemẽt la mer/les riuieres et poissons que nourrissent/ Le temps/les elemens/lair/les oyseaux que y volent: et tout pour lusaige et seruice de lõme. Et considerons louurier qui de sa puissance a tout fait. Et par sa sapience bien ordonne ses ouuraiges .et les gouuerne de sa tresgrãt bonte. et par ceste maniere cõgnoistrõs dieu cõme bergiers et simples gens. en cõsiderãt les ouuraiges. ¶ Tiercemẽt pour congnoistre dieu considerent les grans et innumerables benefices que recoiuent chascun iour de luy. Lesquelz on ne sauroit nombrer pour la multitude: ne priser pour leur noblesse et dignite. Toutesfoys en sont notes en leurs cueurs principalemẽt luy. pour lesquelx et autres vng bergier rẽdans louẽges a dieu disoit en ceste maniere. ¶ Sire dieu ie cõgnois de voz benefices infinis a moy faiz par vostre tresgrãde bonte premierement le benefice de ma creacion par lequel maues fait homme raisonnable a vostre ymaige ⁊ similitude. dõne corps et ame et habillemens pour me vestir Sire vous maues donne mes sens de nature entẽdement pour moy gouuerner/la vie/la sante/la beaute/la force et science pour ma vie hõnestement gaigner dont hũblemẽt vous rens graces et louenges. Secondement sire ie cõgnois le bien de ma redempcion comme par vostre douleur ⁊ misericorde maues rachetes chierement par effusion de vostre tresprecieux sang paines ⁊ tormẽs que pour moy aues souffertes ⁊ en fin la mort endurer maues donne vostre corps/vostre ame/vostre vie pour moy garder de dampnacion dont humblement vous rens graces ⁊ louẽges. Tiercement sire ie congnois le bien de ma vocacion comme de vostre grace maues appelle et pour heriter vostre eternelle benediction. mauez dõne la foy ⁊ cõgnoissãce de vous le baptesme ⁊ les autres sacremens que nul entẽdemẽt ne peult cõprẽdre leur noblesse ⁊ dignite. et que tãt de fois mauez mes pechez pardõnez. Sire ie congnois que ce mest don singulier que nauez point fait a ceulx qui nont cõgnoissance de voz dons ien suis plus oblige et humblement vous en rens graces et louenges. Quartement sire ie cõgnois que mauez donne ce monde ⁊ les choses que y sont faictes pour mon seruice ⁊ vsaige: loffice/le bñfice/et dignite en quoy ie suis. car sire ie porte vostre ymage et similitude: que repute chose digne et noble. don hũblemẽt vous rens graces ⁊ louanges. Quintemẽt sire vous mauez donne le ciel ⁊ ses beaulx ornemens: le soleil/la lune/les estoilles/qui iour ⁊ nuit me seruẽt dõnans clarte et lumiere. sans que leur face aucune recõpanse dont humblement vous rens graces et louanges. Septement sire ie congnois que mauez apreste vostre beau paradis: pour me donner: ou ie viuray auec vous en ioye sans fin se ie faiz vostre voulẽte et garde voz cõmãdemẽs et si cõgnois qui autres infinitz biens chascun iour me faictes par vostre bonte lesquelx me enseignent a vous cõgnoistre mon dieu mon bienfaicteur mon saulueur et redempteur. dont humblement vous rens graces ⁊ louanges. ¶ Par les consideracions bergiers et simples gens cõtẽplẽt la bonte de dieu et les benefices que recoiuẽt de luy. Et nous cõgnoissõsle et ne soyons ingratz cõgnoissans ses benefices luy rendans louãges ⁊ recõpẽse de noz biẽs. en dõnãt aux poures pour lamour de luy: car ingratitude est villain peche que trop luy desplait. ¶ La septiesme et derniere chose que tout hõme doit sauoir est cõgnoistre soy mesme. et nest meilleur moyen pour venir a congnoissance de dieu: ne pour faire son saluement que soy premieremẽt congnoistre. ¶ Plusieurs cõgnoissent moult de choses qui ne congnoissent eulx mesmes ausquelx prouffiteroit plus eulx cõgnoistre que toutes les choses du monde. ¶ Ceulx qui congnoissent les choses du monde les aymẽt/quierẽt et gardẽt. et car ne se cõgnoissẽt/ne sayment ne prisent/ne gardent. ne dieu pareillemẽt quãt ne le cõgnoissent. Quoy prouffite a lomme gaigner le mõde et perdre soy mesme pour estre damne plus luy proffiteroit perdre tout le mõde sil lauoit ⁊ quil se cõgneust pour estre saulue. ¶ Bergiers diẽt que le cõmencement necessaire pour faire son saulu ement est: soy cõgnoistre. et que par le cõtraire. ignorãce de soy est cõmencement daler a dampnement et de tous maulx quon peult auoir.

¶ Vne question dun maistre bergier a vng simple bergier pour sauoir cõe se congnoissoit et demandoit en ceste maniere Bergier dy moy. comme te congnois tu Qui es tu: Respondz moy. Et le simple bergier respond tellemẽt. Je me cõgnois: car ie suis hõe/xpien/bergier. Mais ie te demãde quest hõme. quest estre xpien. quest estre bergier. Et le simple respõd a ce que demandes quest hõme. ie dis que hõme est vne substance composee de corps et dame. et que quant au corps est mortel fait de terre de la cōdicion des bestes. mais lame faicte de la matiere des esperitz ꝛ cōdicion des āgez et immortelle. Mon corps venu de semēce abhominable est vng sac plain dordures et de puātreurs. la viāde que vers māgeront. mon cōmēcemēt fut vil. ma vie est en paine. labeur. crainte. ꝛ subiection de mort. Et ma fin sera doloreuse. perilleuse ꝛ en pleur. Mais mon ame est cree de dieu noblement et dignemēt a son ymaige et sēblance apres les anges de toutes creatures la plus parfaicte ꝛ belle. et par baptesme. et par foy. est faicte sa fille. son espouse. pour heriter son royaulme quest paradis. Et pour sa noblesse ꝛ dignite doit estre dame. et mon corps cōe seruiteur luy dois obeyr car raison ainsi le requiert et ordonne. et qui fait autrement: et prefere son corps deuāt son ame pert lusaige de raison. et ce fait semblable aux bestes descēdet de noble dignite en vile et miserable seruitude de sēsualite par laquelle se gouuerne ainsi ie me cōgnois hōme. ¶ Quāt au secōd ou demandes quelle chose est estre xpien Je respōdz a mon entēdemēt que estre xpien est estre baptize ꝛ ensuiure ihesucrist du quel on est dit xpien. car estre baptize et ne lēsuiure. ou lensuiure et nestre baptize ne sauueroit point lomme et pour ce quāt on recoit baptesme on renōce au diable ꝛ a toutes ses pompes et fait on promesse dēsuiure iesucrist quāt on dit: Je veil estre baptize laquelle promesse qui la garde a vray nom de xpien. ꝛ qui ne la garde est dit pecheur: menteur a dieu: et seruiteur du diable. et nest dit xpien sinon cōme dun hōme mort. ou painct en vng mur. on dit que cest vng hōme.

¶ Icy demāde le maistre bergier en quātes choses doit le xpien ensuiure iesucrist pour acōplir promesse de baptesme. Respond le simple bergier. Je diz en six choses. La premiere est nectete de cōsciēce. car nest chose plus plaisante a dieu que cōsciēce necte. et peult estre faicte necte en deux manieres lune par baptesme quāt on le recoit. et lautre par penitēce que est cōtrictiō au cueur. cōfession de bouche. et satisfacion de euure. et adoncques quant on est nect: est on sēblable ꝛ plaisant a iesucrist. q̄ de leaue de sa misericorde nettoye les pecheurs qui font penitēce et les fait estre beaulx. ¶ La seconde chose en quoy le xpien doit ēsuiure iesucrist est humilite a lexemple de luy seigneur du ciel q̄ cest humilie de vestir nostre humanite et deuenir mortel qui estoit immortel. viure en pourete auec nous. porter paines. obprobres et en fin souffrir estre crucifie. Et le xpien pour amour de luy lensuiuāt se doit humilier. La tierce chose est tenir et aimer verite en especial trois verites. La premiere verite est de soy mesme congnoistre. car on est mortel et pecheur. et qui mourra en peche sera cōdāne. et ceste verite garde de faire peche. et exhorte le pecheur de faire penitence et soy amender. La seconde verite est des biens tēporelx. car sont transitoires. et les cōuiendra laisser et ceste verite les fait mespriser. pour desirer ceulx du ciel q̄ sōt eternelx. La tierce verite est de dieu qui est la ioye et felicite que tous xpiens doibuent desirer. et ceste verite tyre le xpien a son amour. et le induit a faire bõnes euures pour meriter les ioyes de paradis. La quarte chose en quoy le xpiē doit ensuiure iesucrist est paciēce en aduersite ⁊ en asperite de vie par penitence soy cõfermāt a lestat de iesucrist du quel la vie toute a este en paine et pourete quil a enduree pour nous. La cinquiesme est en cõpassion des poures a lexemple de iesucrist qui par sa misericorde guerissoit poures de toutes maladies corporeles. ⁊ pecheurs de maladies spiritueles. ⁊ nous par cõpassion deuons dõner de noz biens aux poures ⁊ les cõforter corporelemēt et espirituelemēt. La sixiesme chose en quoy le xpien doit ensuiuir iesucrist est douceur de deuocion: et charite en cōtēplacion des misteres de son incarnacion/de sa natiuite/de sa mort et passion/de sa resurrection/de son ascencion/et de son aduenemēt au iugement que souuēt doiuēt venir a nostre memoire et en nostre cueur par sainctes meditacions. Et sont six choses en quoy ie diz que tout feal xpien doit ensuiuir iesucrist pour tenir sa promesse de baptesme. Et quāt au dernier quel chose est bergier. Je diz que cest sauoir ma vocacion. et chascū la siēne cōme deuāt est dit. et aussi sauoir de toutes ces choses dictes les trāsgressiōs cōbien de fois en chascūe on a trāsgresse. car autant on a offense dieu et qui bien y pense treuue des omissions et offēses innumerables lesquelles cōgnues on doit en douloir et faire penitence. et ainsi est cōme ie me cōgnois hōme xpien et bergier.

¶ Chanson du bergier qui nestoit point maistre a qui sa congnoissance ne proufitoit rien.

Je congnois que dieu ma forme Et fait a sa digne semblance:
Je congnois que dieu ma donne Ame/sēs/vie/et congnoissāce
Je congnois qua iuste balance Selon mes faiz iuge seray
Je cōgnois moult: mais ie ne say Cōgnoistre dont viēt sa folie
Que ie say bien que ie mourray Et si namende point ma vie

Je congnois en quel pourete Vins sur terre et nasqui denfance
Je cōgnois que dieu ma preste Tāt de biēs en grāt habōdāce
Je congnois quauoir ne cheuance Auecques moy nemporteray
Je congnois que tāt plus auray Plus dolēt mourray en partie
Je congnois tout cecy pour vray Et si namēde point ma vie

Je cōgnois que iay ia passe Grāt p̄t de mes iours sās doutāce
Je congnois que iay amasse Peches: et fait peu penitance
Je congnois que par ignorance Excuser ie ne me pourray
Je congnois que trop tart viendray Quāt lame sera departie
Pour dire ie mamenderay Et si namende point ma vie

Prince ie suis en grant esmay De moy qui les autres chastie
Et moy mesmes le pire fay Et si namende point ma vie.

Sensuit autre chanson dune bergiere qui bien se congnoissoit et a laquelle sa congnoissance proufitoit. et disoit ainsi:

Je considere ma poure humanite
Et cóme en pleur premier nasqui sur terre
Je considere moult ma fragilite
Et mon peche qui trop le cueur me serre
Je considere que mort me viendra querre
Je ne say leure: pour me tollir la vie
Je considere que lennemy mespie
La chair: le mõde: me guerroient si tresfort
Je considere que cest tout par envie
Pour me livrer sans fin de mort a mort
Je considere les tribulacions
De ce vil siecle: dont la vie nest pas necte
Je considere cent mille passions
Ou poure humaine creature est subiecte
Je considere la sentence parfaicte
Du vray iuge: faicte sur bons et mauly
Je considere tant plus vilz que pis vauly
Dont conscience bien souvent me remort
Je considere des damnes les deffauly
Qui sont livres sans fin de mort a mort
Je considere que les vers mangeront
Mon dolent corps cest chose espouentable
Je considere las pecheurs que feront
Quant le viendra le iugement doutable
O doulce vierge sur toutes delectable
Ayez mercy de moy celle iournee
Qui tant sera merveilleuse et doubtee
Et ma poure ame conduisez a droit port
Car a vous seule du cueur ie lay vouee
Pour la deffendre sans fin de mort a mort
Prince du ciel vostre humble creature
Vous cry mercy pour faire son accord
Et de la peine qui a tousiours mes dure
La deffendes sans fin de mort a mort.

Se mon regard ne vous viẽt a plaisir par la hideur qui est espouãtable prenez en gre cõgnoissans le desir par quoy prẽtes qui vous soit proffitable il ny a point de moien plus tirable les cueurs a bien que de soy le cõgnoistre cõgnoissez donc par moy quelx vous fault estre et preparez a mort vostre inuentoire les filz de adam tous mourir est notoire.

¶ Las toy mondain contemple ma maniere vng tẽps fuz vif que iauoye beau visaige pour yeulx riãs: las iay trous de tariere cõduitz a vers: pour faire leur passaige. le damp dautruy si te rende donc saige car cõme moy tu deuiẽdras en pouldre tout picote comme est vng deel a couldre dun tas de vers desquelx seras repas: tous les humains fault passer par ce pas.

¶ Le tẽps durant que iestoye en ce monde hõnoure fuz de sublime puissãce mais mal garday ma conscience munde: dont iay remors qui me point a oultrance: quelle dõneur: quelle aussi de iactance: que les fagos pour enfer allecher vain est le vol qui fait bas trebucher car nest seurte sen bas ne prẽt gesine: qui trop hault monte il ayme sa ruine.

¶ Larmes respãs de forcenee raige de la doleur qui me tiẽt excessiue quãt pour mes maulx ay le feu pour hostaige ce quay seme il fault que ie mestiue las que fera ma poure ame chetiue: pour se purger des pechez quay cõmis: gaigner ne puis ce nest par mes amis: car suis vng ver qui ne puis nesque paille: qui fait peche il en payera la taille.

¶ Dieu crea tout et beneist de sa dextre. fors que peche. que peult dõc delict estre. quelle de luy. de quoy print il engence. peche nest rien. fors carence de bien. sil est ainsi. pour quoy requiert penãce. francz fusmes faiz vng chascũ sur le sien. quãt dieu nous fist garniz de franc arbitre. mais mal esleuz qui prins le feu pour mien: dieu delaissant pour sentir son chapitre.

¶ Ainsi enfer sur nulluy na droicture: que par ses maulx ou par ses actiõs qui plus y met plus y prẽt grãt voicture. nul nest blece que de ses passions du iusticier ne des correctiõs. nest a querir. car il est droicturier. biẽ est eureux qui va le droit sentier. car tel aura son iuge a protecteur. combien quil soit pacient redditeur.

¶ Las sil estoit quelle espasse donnee. le tẽps dun iour pour faire penitẽce quel dueil. quelz pleurs. helas quelle menee. feroit mon corps pour orner cõscience. or nest appel apres ceste sentence: ou suis me prens en espoir dauoir mieulx. ieune ne veulz. ie ne peuz quant fuz vieulx. du repentir lheure si est faillie. ia fol ne croit tant quil voit sa folie.

¶ Il appert dõc par bien viue raison que fol espoir de viure lõguemẽt me fist iadis quant iestoye en choison. de mon salut ou de mon dampnement: a pie leue fuz souspris chauldement. et sans arrest de mort fuz la saisine mais bien fait dieu que leure ne termine. car qui ne craint en grant peril se boute. quant loeil ouuert en ses faiz ne voit goute.

¶ Ou sõt les pleurs le deul de mon tres pas parēs amis voysins a grãt plãte qui me pleuroient voire sans cõtrepas. ou est lespoir que sus euls iay plante: Bon fait penser de soy durant sante. car cest fouleur dautruy querir suffrage Apres sa mort: le vif on eust susaige: de soy pourvoir devãt le iour derrien quant aps dieu nest amour sur le sien.

¶ Prenez patrõ vo⁹ qui portes ces hucq̃s Robes pompans: et pourpoins de satin Les grãs plumauls et ces fardeez perruq̃s Que cest de moy: entẽdes ce latī. ignores vous quil fault quelque matin. tous cõme moy estre des vers la proie Se dieu se taist si pense il de la poye. ou retribut de vostre sacrifice De ses grans yeuls il contemple tout vice.

¶ Helas pour tant vanite delaissee. elisez mieuls que le viure mondain. Ne gnores pas que mort vous soit passee Qui estes pres de cheoir en sa main. Se el est huy qui nest pas lendemain Las quesse donc du monde et son plaisir. Or ole et mort si est en ton choisir. esliz des deux: et retiens la meilleure: Bien est eureux qui mort prent a bonne heure.

¶ Depuis que mort dessus tous a iroicture: efforces vous davoir des meurs lessite. gaignez les cieuls devãt la ourriture. aprestez vous cõtre la mort despite. Voiez aussi ceuls q̃ en ioie petite elebrement ont leurs delitz passez. ieunes et vieuls sont ensemble entassez. et aient ceuls qui voirront ceste ystoire: les trespassez quilz aient en memoire.

## ¶ Sensuiuent les dix commandemens du dyable opposites a ceulx nostre seigneur.

Toy qui les miens cõmandemens veulx du cueur garder et sauoir: auras denfer les grans tourmens a iamais sans remede auoir. ¶ Ton dieu point ne redoubteras ne ne cognoistras sa bonte: mais sauoir mondains aprãdras et a faire sa volente. Pour veoir hõmes et fẽmes souuẽt tu te pariureras et pour plus fort dãner ton ame dieu et ses sains blaphemeras. ¶ Les festes tu ten pureras: et perdras ton temps follement: et les autres prouocqueras a viure vicieusemẽt. Pere et mere peu priseras et feras courroucer souuẽt et ia nulz biẽs ne leur feras mais leur procureras tourmẽt. ¶ Haines et rigueur porteras cõtre ton proesme lõguemẽt: et a nul ne pardõneras mais desireras vẽgemẽt. Grãt luxurieux tu seras de fait et par atouchemẽt: ton mariage fausseras nõobstãt q̃ dieu le deffẽt. Le bien dautruy tu retiẽdras par tricherie et par fallace: et iamais ne leur rendras pour courtoisie quil te face. ¶ Cõtre ton proesme faulx tesmoinage en iugement allegueras: diffame et autre dõmaige par ta langue tu leur feras. ¶ Fẽmes souuent frequenteras pour leur dõner cõsentemẽt: a les veoir grãt plaisir prẽdras en les desirant folement. Tout ton engin apliqueras pour auoir lautruy faulsement. ou au moins le conuoiteras se faire ne peulx autrement. ¶ Qui mes cõmandemẽs fera Je le paieray certainemẽt: Car en enfer dãne sera Sãs auoir nul allegemẽt Et quãt viendra le iugemẽt Il mauldira le iour et leure Quil fut ne pour si grant tourment Soustenir: et en telle ordure.

## ¶ Cy apres sont aucunes peines denfer non pas toutes pour ceulx qui garderont les commandemens dessusdis.

En enfer sont tresgrans gemissemens/ grans desconfors/ et desolacions/ et angoisses/ et crys/ et vrlemẽs/ et grãs douleurs/ et grãs afflictions/ et grãs regretz/ et grãs cõponctions. Bon pecheur se deuroit cõuertir. car la on voit telz obstinacions/ telz blaphemes/ telz detestacions quon ne se peult en nul iour repẽtir. Feu treshorriblemẽt ardant froit autãt fort refroidissãt/ grans cryz de doleurs sãs cesser/ fumee q̃ ne peult enfer laisser/ soufre puãt et moult horrible/ vision des diables terribles/ fain tourmẽtant cruellement/ soif qui tourmẽte pareillemẽt/ grãt honte et cõfusion/ en tous les mẽbres affliction: De toute gloire defaillãce/ remort sãs fin de cõsciẽce/ ire rãcune et murmure orgueil et rebellion dure. Du bien dautruy mauldit enuie: et craite qui trop leur ennuye/ peine et tourmẽt qui ne fault/ et de toute ioye deffault/ desir de la mort treshideuse/ et tribulacion treshonteuse.

En lapocalipse est escript que saint iehan vit vng cheual de couleur palle sur lequel seoit qui auoit nom la mort. et enfer suiuoit ce cheual qui nous segnefie le pecheur a couleur palle pour sa maladie de peche. et porte la mort. car peche est la mort de lame. et enfer lesuit. car en quelque lieu que le pecheur aille enfer est pres sil mouroit sans penitence pour lengloutir et deuorer

Sur ce cheual hydeux et palle
La mort suis: fierement assise
Il nest beaulte que ie ne haale
Soit vermeille: ou blanche: ou bise.
Mon cheual court comme la bise
Et en courant mort tue et frappe
Mais ie tue tout: cest ma guise
Tout hõme trebuche en ma trappe.
Je passe par mons et par vaulx
Sans lenir ne voye ne sente
Je prens par villes et chasteaulx
Mon tribut: mon cens: ma rente
Sans donner ne delay nattente
Ne iour: ne heure: ne demie.
Deuant moy fault quon se presente
A tous viuans ie tolz la vie

Enfer scet bien quelle tuerie
De gens ie faiz: car pas a pas
Me suit: et de ma boucherie
Aual lan fait mains gros repas
Quant ie besongne il ne dort pas
Par moy actend que proye aura
Daucun qui ne sen doubte pas
Sen garde qui garder vouldra
Encor me suit raison pour quoy
De ceulx que ie tue de mon dart
Et sont sans nombre: croiez moy
Car il en a la plus grant part
Paradis nen a mye le quart
Ne la disme: on luy feroit tort
Grãt: sil nauoit tout au plus tart
Lomme pecheur quant il est mort

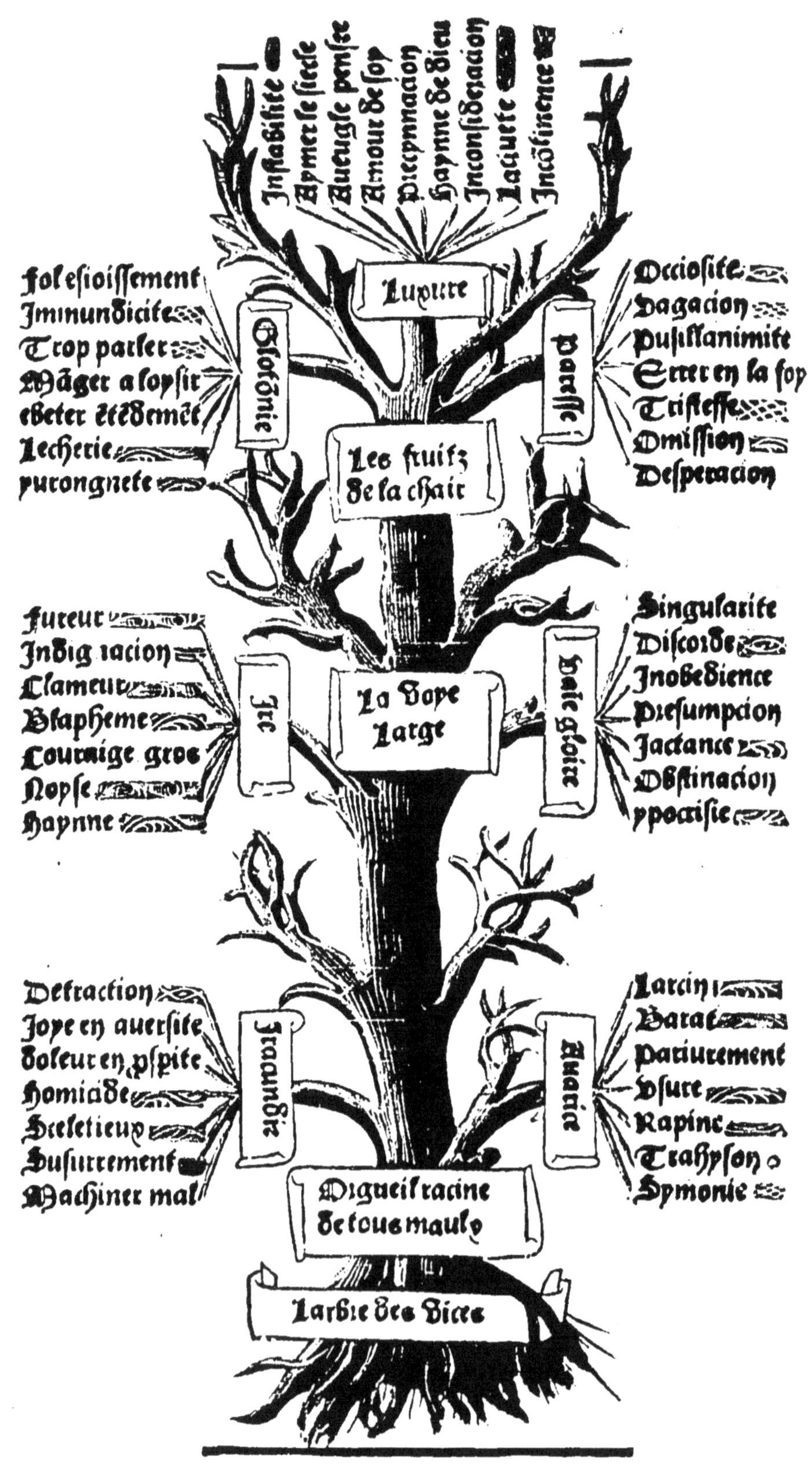

Instabilite
Aymer le siecle
Aueugle pensee
Amour de soy
Haynne de dieu
Inconsideracion
Incontinence
Luxure
Fol esioissement
Immundicite
Trop parler
Mâger a loysir
Lecherie
Glotonnie
Paresse
Occiosite
Vagacion
Pusillanimite
Errer en la foy
Tristesse
Omission
Desperacion
Les fruitz de la chair
Fureur
Indignacion
Clameur
Blaspheme
Courage gros
Noyse
Haynne
Ire
La voye large
Vaine gloire
Singularite
Discorde
Inobedience
Presumpcion
Jactance
Obstinacion
ypocrisie
Detraction
Joye en auersite
Homicide
Susurrement
Machiner mal
Auarice
Larcin
Barat
Pariurement
Usure
Rapine
Trahyson
Symonie
Orgueil racine de tous maulx
Larbre des vices

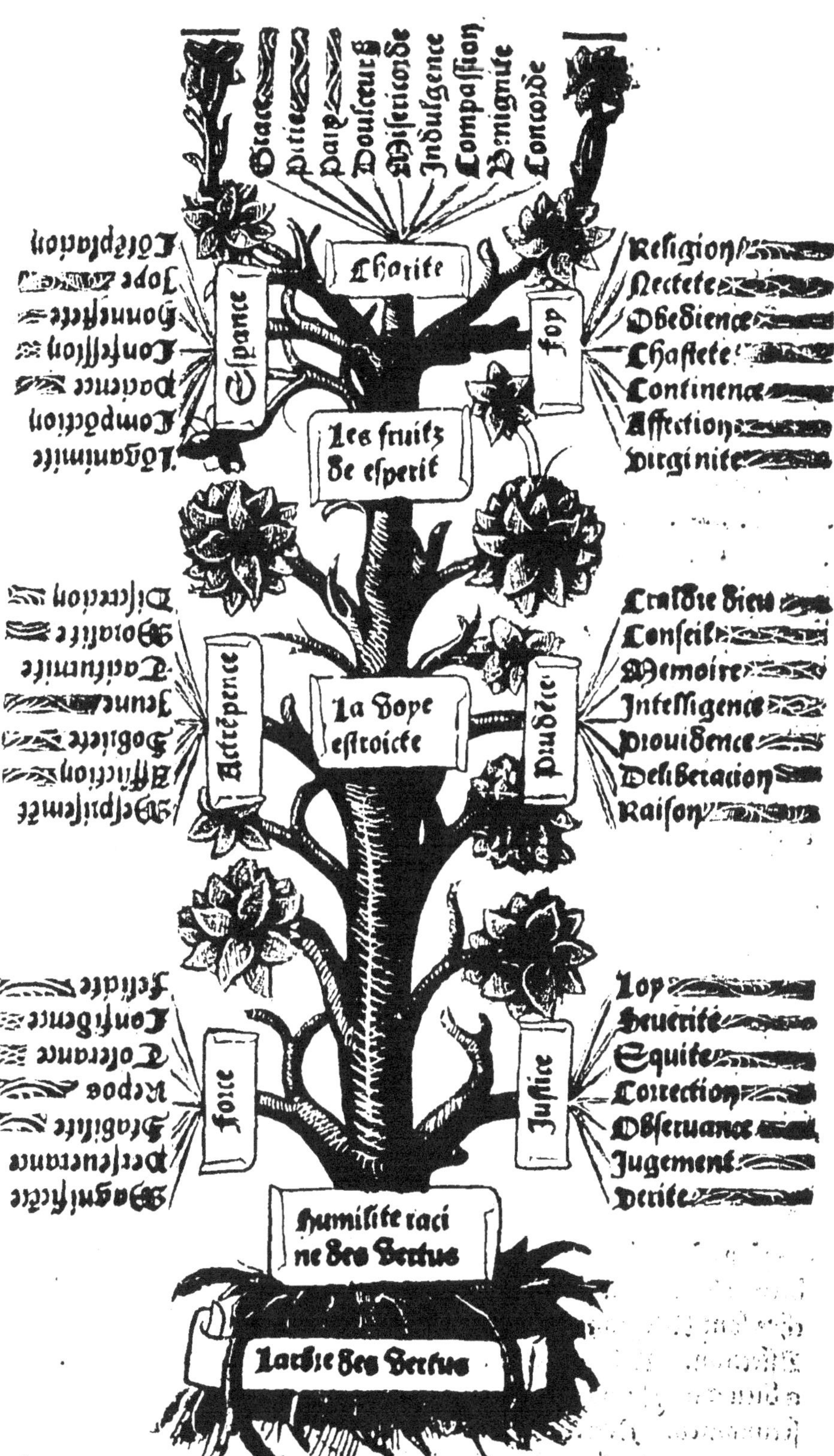
Grace
Pitie
Paix
Doulceurs
Misericorde
Indulgence
Compassion
Benignite
Concorde
Charite
Esperance
Foy
Cōtéplacion
Joye
Honnestete
Confession
Patience
Compōction
Longanimite
Religion
Nettete
Obedience
Chastete
Continence
Affection
Virginite
Les fruitz de esperit
Discrecion
Moralite
Taciturnite
Jeune
Sobriete
Affliction
Despisemēt
Craīdre dieu
Conseil
Memoire
Intelligence
Prouidence
Deliberacion
Raison
Actrēpence
La Voye estroicte
Prudence
Felicite
Confidence
Tolerance
Repos
Stabilite
Perseuerance
Magnificence
Force
Justice
Loy
Seurete
Equite
Correction
Obseruance
Jugement
Verite
Humilite raci ne des Vertus
Larbre des Vertus

¶ Cy est la signification de chascune vertu nommee en larbre precedent. Et premierement quest humilite mere des vertus et racine de larbre la quelle quant est ferme larbre se tient droit: mais si elle fault larbre est couche par bas auec ses branches. ¶ Humilite est inclinacion voluntaire de pensee et couraige venant du regart et congnoissance de sa propre condicion ou du regart et congnoissance de dieu: et a sept branches principales qui constituent larbre des vertus: et sont Charite, Foy, Esperance, Prudence, Justice, Force, Attrempence. et de chascune viennent plusieurs autres vertus cõme larbre demonstre et sont cy declarees.

## ¶ De charite

¶ Charite treshaulte vertu de toutes est desir de pẽsee. ardant bien ordõne de aimer dieu et son prochain. et sõt ses brãches Grace Paix Pitie Doulceur Misericorde Indulgence Cõpassion Benignite Concorde. ¶ Grace est par la quelle est demonstre vng seruice affectueux de beniuolence entre les amys de lun amy a lautre. ¶ Paix est tranquillite et repos bien ordõne des couraiges de ceulx qui sont concordans en bien. ¶ Pitie est affection et desir de secourir et ayder a tous et vient dune doulceur et grace de benigne pẽsee et couraige quon a ¶ Doulceur est par laquelle la tranquilite et repos du couraige de celluy qui est doulx et hon neste par nulle improbite ne part point de ses metes. ¶ Misericorde est vertu piteuse et egale dignacion de tous auec inclinacion du couraige cõpacient en ceulx qui soustiennent afflictions ¶ Indulgence est remission du malfait dautruy par la consideracion de soy mesme quon peult auoir offẽse plusieurs. ou dauoir remission de dieu des offenses faictes ¶ Compassion est par laquelle sengendre vne affliction ou couraige condolẽt de la douleur et affliction quon voit a son prochain ¶ Benignite est ardãt regart de couraige diligent dun amy a lautre auec vne resplẽdissãt doulceur de bõnes meurs quon a. ¶ Cõcorde est cõuenãce des couraiges concors en droit que nest point derompue tellement sont vniz et coniointz.

## ¶ De foy

¶ Foy est par la verite cõgnue des choses visibles esleuer sa pẽsee en esludiemẽt saint pour venir a croire les choses quon ne voit point et ses brãches sont Religion, Nectete, Obediẽce, Chastete, Continẽce, Virginite, Affection ¶ Religion est par laquelle sõt exercees et faiz les seruices diuls a dieu et aux sains a grãt reuerẽce auec diligẽce lesquelx seruices sõt ditz serimonies ¶ Nectete ou virginite est integrite bien gardee tãt en corps que en ame pour le regart quon a de lamour ou de la crainte de dieu.

¶ Obedience est volentaire abnegacion et renoncemēt de sa propre volente par piteable deuocion ¶ Chastete est necte et hōneste habitude de tout le corps par les chaleurs et furiosites des vices bien domachees et tenues subiectes ¶ Continence est par la quelle limpetuosite des desirs charnelz est refrenee par vne moderacion de conseil prins de soy ou dautruy ¶ Affection est effusion de piteable amour en son prochain venant dun saint esioissement conceu par bōne foy en ceulx qui se ayment ¶ Liberalite est vertu par laquelle le liberal coraige nest point garde par aucūe conuoitise de faire plantureuse largicion de ses biens sans exces.

## ¶ De esperance

¶ Esperance est mouement de coraige tendant fermement de prandre et auoir les choses quon appete et desire. de la quelle les branches sont Contemplacion/ Joye Honnestete/ Confession/ Pacience/ Componction Longanimite.

¶ Contēplacion est la mort et destruction des desirs charnelz par vng esioissement interiore de la pensee esleuee pour cōtempler choses qui sont haultes ¶ Joye est iocundite espirituelle venant tantost du contempnement des choses presentes et mōdaines ¶ Hōnestete est vne vergōgne par laquelle on se rend humble vers tous. de laquelle vient vng loable prouffit auec coustume pudique et hōneste ¶ Confession est par laquelle la maladie secrete de lame est demōstree au cōfesseur a la louāge de dieu auec esperance de auoir misericorde ¶ Pacience est volūtaire et inseparable souffrāce des choses aduersaires et cōtraires pour regart de eternelle gloire quon desire dauoir. ¶ Componction est vne douleur de grant value a lame souspirant ou pour crainte du diuin iugement. ou pour amour du payemēt quon actend. ¶ Longanimite est soustenance de infatigable vouloir acōplir les saintz et iustes desirs quon a en sa pensee.

## ¶ De prudence

¶ Prudence est diligente garde de soy auec saige prouidence de sauoir congnoistre et discerner quest bien et quest mal. et les branches sont Crainte de dieu/ Cōseil Memoire Intelligēce Prouidēce Deliberacion

¶ Crainte de dieu est vne garde diligente qui veille sur soy par foy et bonnes meurs des diuins commandemens. ¶ Conseil est vng subtil regart de pensee que les causes des choses quon veult faire ou que len a en gouuernement soient bien examinee.

¶ Memoire est vne representacion ymaginatiue par regart de la pensee des choses preterites et passees quon a veues faictes ou oyes raconter.
¶ Intelligence est disposer par viuacite raisonable lestat pñt ou les choses qui sõt presẽtes. ¶ Prouidence est par laquelle on cuellist en soy ladue nemẽt des choses futures par saige subtilite et regart des choses passees.
¶ Deliberacion est vne consideracion plaine de maturite et esperance deuant le cõmencement des choses deliberees quon veult faire.

## ¶ De actrempence

¶ Actrempence est vne ferme et discrete dominacion de raison cõtre les impetueux mouuemẽs du couraige es choses illicites: et sont ses branches Discrecion Moralite, Taciturnite, Jeune, Sobriete, Affliction et Mesprisement du monde

¶ Discrecion est vne raison prouide et asseuree bien moderee de humains mouuemens a iuger et discerner les causes de toutes choses.
¶ Moralite est soy contemperer et reigler iustement et doulcement par les meurs de ceulx auec lesquelx on conuerse gardee touteffoys la vertu de nature. ¶ Taciturnite est soy actremper de parolles inutiles dont vient vng repos fructueux de couraige a celluy qui ainsi se modere.
¶ Jeune est vne garde discrete de sobriete ordonnee pour veiller a garder les choses sainctes qui sont interiores. ¶ Sobriete est vne pure et sans tache actrempãs de lune et lautre partie de lomme: cest de corps et dame. ¶ Affliction de corps est par laquelle les semences de la vaine pẽsee par chastiemens discretz sont comprimees. ¶ Mesprisement du siecle est vng amour des choses eternelles venant du regart des choses caduques et transitoires du monde

## De iustice

¶ Justice est par laquelle grace de cõmunite est entretenue et la dignite de chascune personne est gardee et le sien rendu. et ses branches sont: Loy, Seuerite, Equite, Correction, Obseruance, Jugement, Verite.
¶ Loy est par la quelle sont commandees toutes choses licites de faire et deffendues toutes choses lesquelles on ne doit mie faire. ¶ Seuerite est par laquelle vengence iuridique est prohibee. et destroictement on exerce iustice ou pecheur qui a delinque. ¶ Equite est tresdigne retribucion des merites a la balance de iustice droictement et iustement pesee.

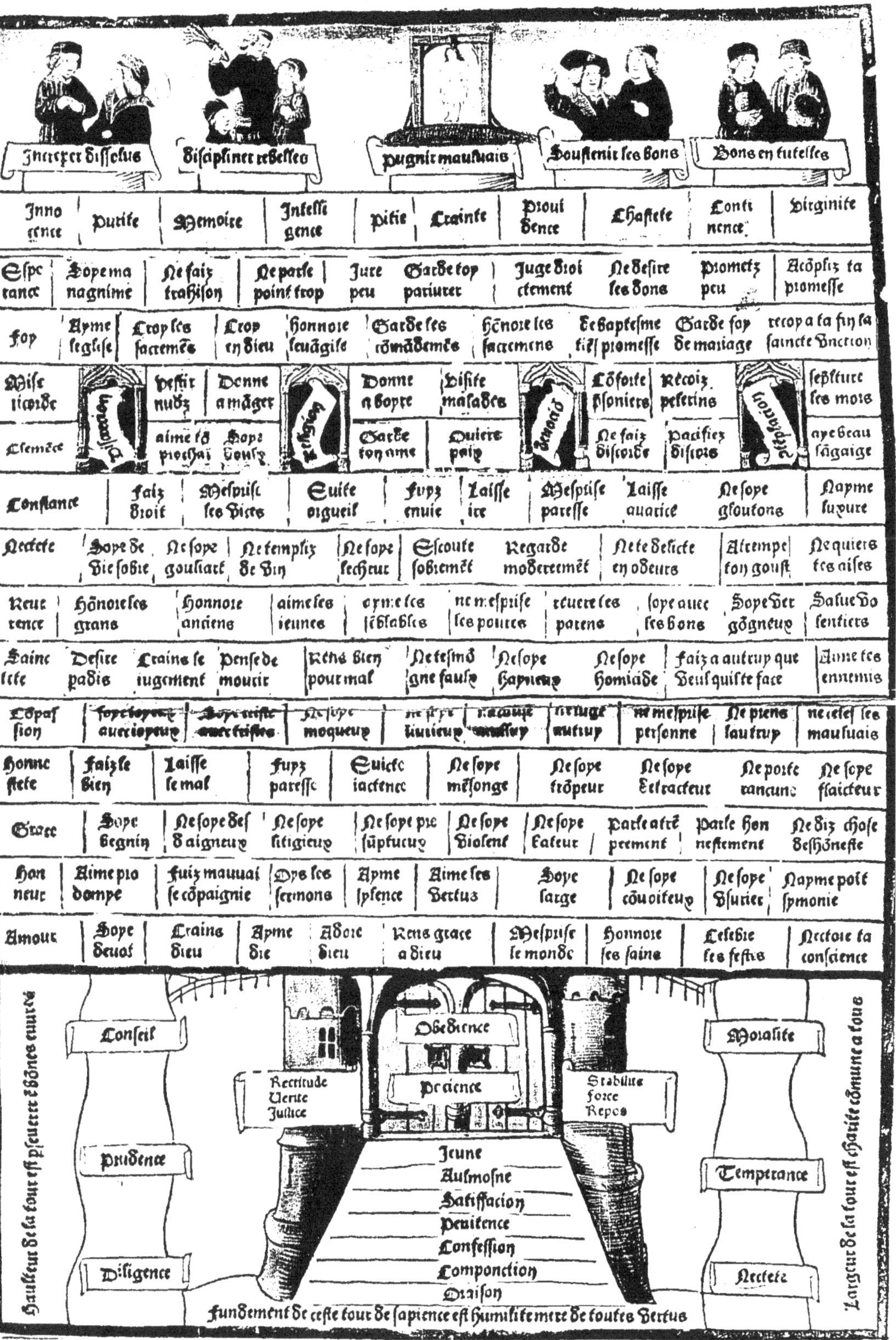

Interpreter dissolus
Disciplinez rebelles
Pugnir mauluais
Soustenir les bons
Bons en tutelles
Innocence
Purite
Memoire
Intelligence
Pitie
Crainte
Prouidence
Chastete
Continence
Virginite
Esperance
Soye magnanime
Ne faiz trahison
Ne parle point trop
Jure peu
Garde toy pariurer
Juge droictement
Ne desire les dons
Prometz peu
Acomplis ta promesse
Foy
Ayme leglise
Croy les sacremens
Croy en dieu
Honnore leuangile
Garde les commandemens
Honore les sacremens
Le baptesme tiens promesse
Garde foy de mariage
Recoy a ta fin la saincte Unction
Misericorde
Clemence
Vestir nudz
Donne a manger
Aime ton prochain
Donne a boyre
Visite malades
Garde ton ame
Quiere paix
Conforte prisoniers
Recoiz pelerins
Ne faiz discorde
Pacifiez discors
Sepulture les mors
Aye beau langaige
Constance
Faiz droit
Mesprise les vices
Euite orgueil
Fuyz enuie
Laisse ire
Mesprise paresse
Laisse auarice
Ne soye gloutons
Nayme luxure
Nectete
Soye de vie sobre
Ne soye gouliart
Ne templiz de vin
Ne soye lecheur
Escoute sobremet
Regarde moderement
Ne te delicte en odeurs
Attempe ton goust
Ne quiers tes aises
Reuerence
Honnore les grans
Honnore anciens
Aime les ieunes
Ayme les semblables
Ne mesprise les poures
Reuere les parens
Soye auec les bons
Soye debonnaire
Salue voulentiers
Saincte
Desire paradis
Crains le iugement
Pense de mourir
Rens bien pour mal
Ne tesmoigne faulx
Ne soye hayneux
Ne soye homicide
Faiz a autruy que veulx quil te face
Ayme tes ennemis
Compassion
Ne soye moqueur
Ne mesprise personne
Ne prens lautruy
Ne celez les mauluais
Honnestete
Faiz le bien
Laisse le mal
Fuyz paresse
Euicte iactence
Ne soye mensonger
Ne soye trompeur
Ne soye detracteur
Ne porte rancune
Ne soye flatteur
Grace
Soye begnin
Ne soye desdaigneux
Ne soye litigieux
Ne soye presumptueux
Ne soye violent
Ne soye rapteur
Parle attrempement
Parle honnestement
Ne diz chose deshonneste
Honneur
Aime pro dome
Fuiz mauluaise compaignie
Oys les sermons
Ayme silence
Aime les vertus
Soye large
Ne soye conuoiteux
Ne soye usurier
Nayme point symonie
Amour
Soye deuot
Crains dieu
Ayme dieu
Adore dieu
Rens grace a dieu
Mesprise le monde
Honnore les sains
Celebre les festes
Nectoie ta conscience
Conseil
Prudence
Diligence
Obedience
Pacience
Rectitude
Verite
Justice
Stabilite
Force
Repos
Moralite
Temperance
Nectete
Jeune
Aulmosne
Satisfacion
Penitence
Confession
Componction
Oraison
Haulteur de la tour est perseuerer en bonnes euures
Largeur de la tour est charite commune a tous
Fundement de ceste tour de sapience est humilite mere de toutes vertus

Correction est inhiber et deffendre par le frain de raison aucunes erreurs se on y est ou acoustumãce de faire aucun mal. Observance de iuremẽt est vne iustice de contraindre aucune temeraire / ou nuysible transgression de loy ou coustumes nouuellemẽt prouulguees au peuple. Jugemẽt est par lequel selon les merites ou demerites daucũe persõne oye sup est baille ce quelle doit auoir tourment pour auoir fait mal: ou salaire en guerdon pour auoir fait bien

Verite est par laquelle aucũs ditz ou faitz par raison prouuable sõt ratez sans adiouster ou oster ny muer rien.

De force

Force est auoir couraige ferme entre les aduersites de labeurs et de perilz qui peuent aduenir ou esquelz on peult cheoir. Et sont ses brãches, Magnificence Confidence Tollerance Repos Stabilite Perseuerance Raison Magnificence est vne glorieuse claritude de couraige administrant noblement choses ardues et magnifiques. cest a dire haultes ou grãdes. Cõfidence est arrester: et fermer sa pẽsee: et son couraige par cõstance immobile entre les choses qui sont aduerses et contraires. Tollerance est cothidiennement souffrir et porter les estranges improbites. et tholestes. cest a dire persecutions obprobres. et iniures que autres gens font. Repos est vertu par laquelle vne securite est donnee a la pensee du cõtempnement de la variete des choses transitoires et mondaines. Stabilite est auoir pẽsee: ou couraige ferme et ne se iacter en choses diuerses pour aucune variete: ou changemẽt des temps ou des lieux. Perseuerance est vne vertu qui establit et cõferme le couraige par vne perfection des vertus lesquelles on a. et sont parfaictes par force de longanimite. Raison est par laquelle est commande de faire les choses conseillees et deliberees pour venir a aucune fin quon congnoist estre bonne.

Finist lestite et fleur des vertus et quoy chascune decelles nommees segnefie. et larbre figure.

Quamme dergiers dict hōme est vng petit mō de par soy. pour les cōuenāces et similitudes quil a au grāt monde qui est agregacion des ix ciels quatre elemens et toutes choses que y sont. et premieremēt comme a telle similitude au premier mobile qui est le souuerain ciel et principale partie du grant monde. car ainsi cōme en celluy premier mobile est le zodiaque diuise en xii parties lesquelles sont les xii signes ainsi lōme est diuise en xii parties qui sōt dominees ou regardees diceulx signes chascune partie de son signe propre cōme listoire presēte le monstre. Les signes sont Aries Taurus Gemini Cācer. et les autres. Des quelz trois sont de nature de feu. Aries Leo et Sagitarius et trois de nature de lair: Gemini Libra et. Aquarius. et trois de nature de leaue Cancer. scorpio et Pisces et trois de nature de la terre taurus Virgo et Capricornus ¶ Le premier qui est. Aries gouuerne la teste et la face de homme ¶ Taurus a le col et le noud dessus la gorge. ¶ Gemini les espaulles les bras et les mains. Cācer la poitrine les costes la ratelle et le polmon Leo lestomac le cueur et le dos. Virgo le ventre et les entrailles. Libra le petit ventre les hennes le nombril et la partie desoubz les anches. Scorpio a la partie hōteuse les genitoires la vessie et le fondement Sagitarius a les cuisses seulement. Capricornus a les genoulx seulement aussi. Aquarius a les iambes depuis les genoulx iusques aux talons et aux chauilles des piez Pisces a les piez pour la partie laquelle il gouuerne. On ne doit faire incision ne touchier de ferremēt le membre gouuerne daucū signe le iour que la lune y est pour la trop grant effusion de sang qui pourroit estre. ne aussi quant le soleil y est pour le dangier et peril qui sen pourroit ensuiuir

¶ Aries est bon pour faire saigner quant la lune y est fors en la partie laquelle il domine

Aries est signe chault et sec nature de feu gouuerne le chief cest la teste et la face de lōme lequel est bon pour saigner cestassauoir quant la lune y est

¶ Taurus mausuais pour saigner

Taurus est sec et froit nature de terre gouuerne le col et le nouď soubz la gorge et est mausuais a faire saignee

¶ Gemini mausuais pour saigner

Gemini est chault et humide nature de lair gouuerne les espaules et les bras et les mains mausuais pour saigner

¶ Cancer indifferent pour saigner

Cancer est froit et humide nature de eaue gouuerne la poictrine lestomac et le poulmon indifferent cest a dire ne trop bon ne trop mausuais a faire saignee.

¶ Leo mausuais pour saigner

Leo est chault et sec nature de feu gouuerne le dos et les costes de lõme mausuais pour faire saignee

¶ Virgo indifferent pour saigner

Virgo est froit et sec nature de terre gouuerne le ventre et les entrailles ne fort bon ne fort mausuais pour saigner

¶ Libra tresbon pour saigner

Libra est chault et humide nature de lair gouuerne le nombril les rains et la basse partie du ventre bon pour faire saignee

¶ Scorpio indifferent pour saigner

Scorpio est froit et humide nature de eaue gouuerne les parties genitales ne bon ne mausuais pour faire saigner

¶ Sagitarius bon pour saigner

Sagitarius est chault et sec nature de feu gouuerne les cuisses bon pour faire saigner

¶ Capricornus mausuais pour saigner

Capricornus est froit et sec nature de terre gouuerne les genoulx mausuais pour faire saignee

¶ Aquarius indifferent pour saigner

Aquarius est chault et humide nature de lair gouuerne les iambes ne bon ne mausuais pour faire saignee

¶ Pisces indifferent pour saigner

Pisces est froit et humide nature de eaue gouuerne les pies ne fort bon ne fort mausuais pour saigner

| Tresbons | Indifferens | ¶ Mausuais |
|---|---|---|
| Aries Libra | Cancer Virgo Scorpius | Taurus Gemini |
| et sagitarius | Aquarius et Pisces | Leo Capricornus |

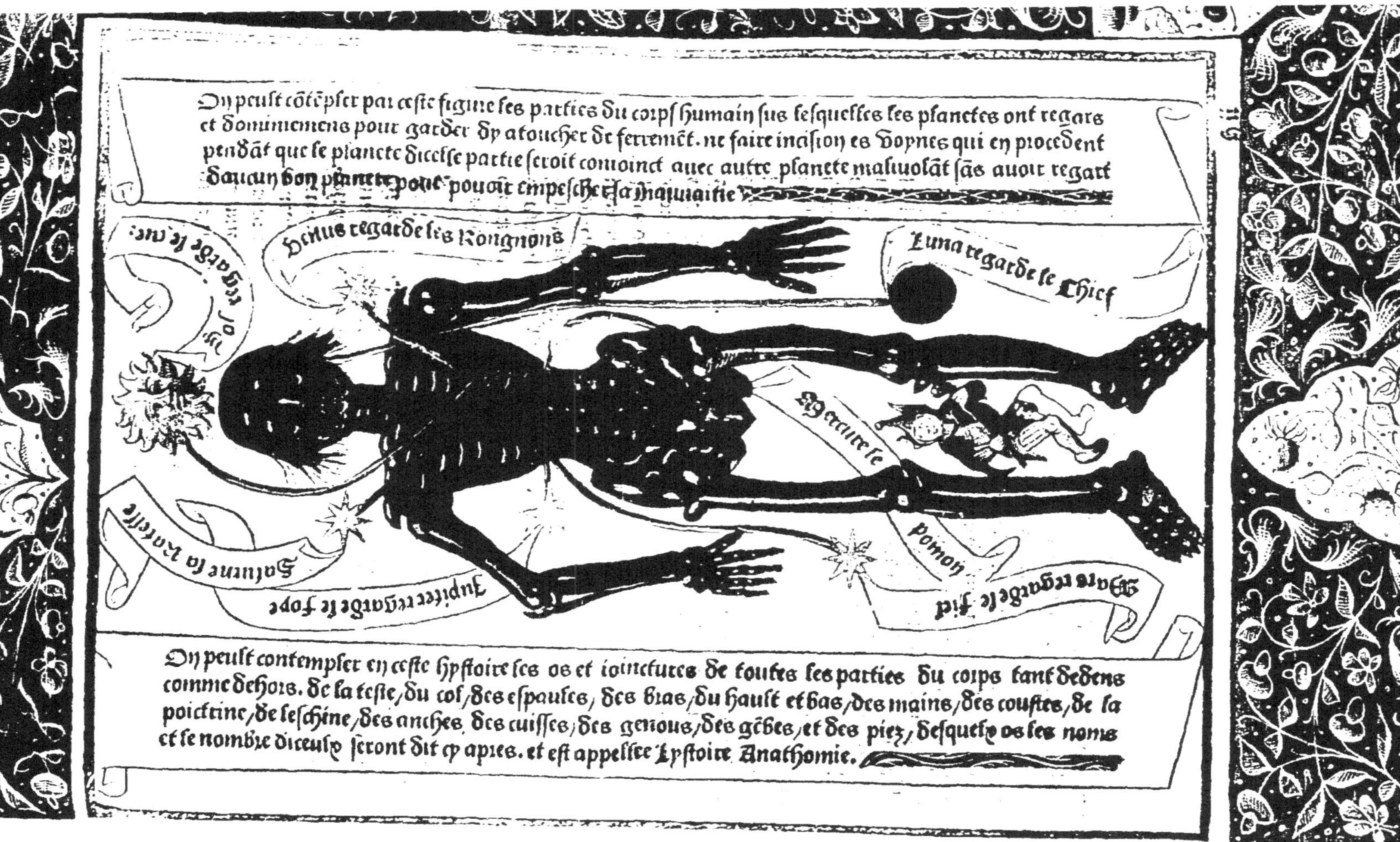

h ii

On peult cōtēpler par ceste figure les parties du corps humain sus lesquelles les planetes ont regars et dominemens pour garder dy atoucher de ferremēt. ne faire incision es voynes qui en procedent pendāt que le planete dicelle partie seroit conioinct avec autre planete maluolāt sās avoir regart daucun bon planete pour pouoir empescher sa malivolence



On peult contempler en ceste hystoire les os et ioinctures de toutes les parties du corps tant dedens comme dehors. de la teste, du col, des espaules, des bras, du hault et bas, des mains, des coustes, de la poictrine, de leschine, des anches, des cuisses, des genoux, des gābes, et des piez, desquelz os les noms et le nombre diceulx seront dit cy apres. et est appellee Hystoire Anathomie.

¶ Les noms des os du corps humain et le nombre dyceulx qui sont en somme deux cens xl viii

L'Ou sõmet de la teste est vng os qui couure la ceruelle lequel bergiers appellent os capital. ou test de la teste sont deux os pres de cestuy: quilz nomment os parietaulx qui tiẽnent la ceruelle close et fermee. plus bas ou cerueau est vng os appelle courõne du chief. et de part et daultre de ceste courõne sont deux os pierreux: dedans est los du palais ¶ En la partie derriere de la teste sont quatre os pareilx aux queulx tient la chaenne du col: les os du nez sont deux. les os de la mandibule dessus sont. xi. et de la machouere dessoubz deux. A loppposite du cerueau est vng os derriere dit collateral. Les os des dens sont xxxii. viii. deuant quatre dessus et quatre dessoubz tranchãtes pour couper les morceaulx puis. iiii. agues deux dessus et deux dessoubz dictes dens cannines car elles semblent aux dens des chiens. Apres sont. xvi. dens que nous appellons marteaulx ou dens moulaux: car elles moulent et machent ce quon mangue et sont en chascun couste quatre dessus et quatre dessoubz. et puis les. iiii. dens de sapience en chascun bout des mandibules vne dessus et vne dessoubz. En leschine depuis la teste iusques au bas sõt. xxx. os appellez noux ou ioinctures. en la poictrine deuãt sõt vii os. en chascũ couste sont xii costes Pres du col entre la teste et les espaules sont deux os nommes fourchetes. Apres sont les deux os des deux espaules. de lespaule iusques au coude en chascũ bras est vng os qui est dit adiutoire: du coude iusque a la main en chascun bras sont deux os qui sont appelles cannes. ou mongnon en chascune main sont viii os. ou chault de la paulme sont quatre os quon dit le peigne de la main. Les os des doys en chascune main sont xv pour chascun doy trois. Au bout de leschine sont les deux os des anches ausquelles sõt attaches les deux os des cuisses. En chascun genou est vng os quon appelle la palete du genou. du genou iusques au pie en chascũe iambe sont deux os qui sont ditz cannes. en chascũ pie est vng os appelle la cheuille du pie. Derriere laquelle est los du tallon. sus le col du pie en chascun est vng os appelle os caue. En la plante de chascun pie sont iiii os. Apres est le peigne du pie ou sont en chascun v os. Les os des arteilx en chascun pie sont xiiii deux os sont deuant le ventre qui le tiennent ferme auec les deux anches. deux os sont en la teste derriere les oreilles ditz oculaires. Nous ne cõptons point les os tendres des boutz des espaules ne des coustes ne plusieurs petites espines dos qui ne sont aucunement comprinses au nombre dessusdit.

A ¶ La vaine du milieu du front vault estre saignee pour les douleurs et maladies du chief et pour fieure litargie et goute migraine.

B ¶ Item dessus les deux oreilles derriere a deux vaines lesquelles on saigne pour donner cler entendement et vertu de bien oyr cler. et a qui la laine engrossit et pour doubte de mesellerie.

C ¶ Es temples a deux vaines dictes arteres pour ce quilz batent. Lesquelles on saigne pour oster et diminuer la grant replexion et abondance de sāg q̄ est ou cerueil lequel pourroit nuire au chief. et aux yeulx. et si vault cōtre goute migraine. et plusieurs autres accidēs qui peuēt venir au chief

D ¶ Dessoubz la langue a deux vaines lesquelles on saigne pour vne maladie nōmee epplence. et cōtre les enfleures et apostumes de la gorge et contre equinancie: par quoy vne personne pourroit mourir soubdainement par faulte dune telle saignee.

E ¶ Au col a deux vaines lesquelles on appelle originaulx pour ce q̄lz ont le cours. et labondāce de tout le sang qui gouuerne le corps humain et principalement le chief. Mais on ne les doit saigner sans conseil du medecin. et vault moult celle saignee a la maladie de lepre et appoplixie quant sont principalement causees de sang.

F ¶ Item la vaine du cueur prinse au bras vault pour oster aucunes humeurs ou mauluais sang lequel pourroit nuire a la chambre du cueur ou a son appartenāce. et si vault moult a ceulx qui crachent sang et qui ont courte alaine par quoy vne personne pourroit mourir soubdainemēt par faulte dune telle saignee.

G ¶ Item celle du foye prinse au bras vault moult pour oster: diuertir: et diminuer la grāt chaleur du corps de la persōne. et tenir le corps en sante et si vault moult celle saignee contre toute fieure iaulne: et apostume de foie et cōtre pleuresie. par quoy vne persōne pourroit mou. sou. par. f. d. t. s.

H ¶ Item entre le maistre doy et le mire on fait vne saignee. et vault es douleurs qui viēnēt en lestomac et es costes cōme bosses et apostumes et plusieurs autres accidens qui peult venir en ces lieux par trop grant habondance de sang et de humeurs.

I ¶ Es costes entre le ventre et la hanche cest le flan a deux vaines lesquelles on saigne celle de la partie dextre cōtre ydropisie: et celle de la ptie senestre pour aucūes douleurs qui viēnent entour la rate et doit on selon que la personne est gras ou maigre a quatre dois pres de lincision. Mais telle saignee ne doit on point faire sans conseil du medecin.

L ¶ En chascun pie sont trois vaines dont en y a vne soubz la cheuille du pie par dedēs qui sapelle sophāne. laquelle on saigne pour diuertir et diminuer et mectre hors plusieurs humeurs pour bosses et apostumes qui viennent autour des aignes: et si vault moult aux femmes pour faire venir leurs menstrues en bas. et aux fix. et emoroides qui viennent es parties secretes et autres parties et maladies semblables.

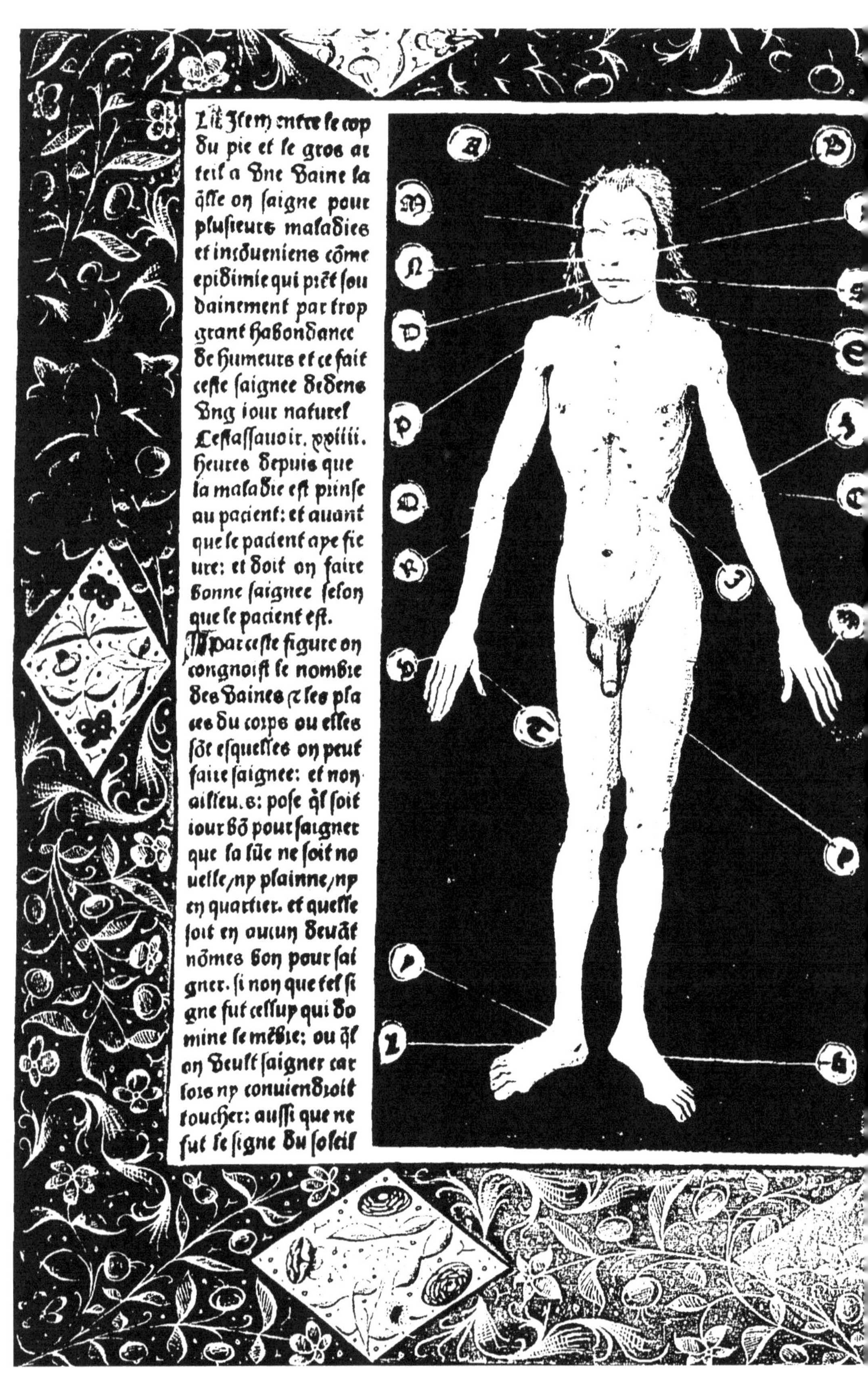

Lie. Item entre le cop du pie et le gros arteil a une vaine laq̃lle on saigne pour plusieurs maladies et insdueniens cõme epidimie qui prẽt soudainement par trop grant habondance de humeurs et ce fait ceste saignee dedens ung iour naturel Cestassauoir. xxiiii. heures depuis que la maladie est prinse au pacient: et auant que le pacient aye fieure: et doit on faire bonne saignee selon que le pacient est.

¶ Par ceste figure on congnoist le nombre des vaines ⁊ les places du corps ou elles sõt esquelles on peut faire saignee: et non ailleurs: pose q̃l soit iour bõ pour saigner que la lũe ne soit nouelle, ny plainne, ny en quartier. et quelle soit en aucun deuãt nõmes bon pour saigner. si non que tel signe fut celluy qui domine le mẽbre: ou q̃l on veult saigner car lors ny conuiendroit toucher: aussi que ne fut le signe du soleil

Es angles des yeulx sõt deux vaines lesquelles on saigne pour les yeulx rouges et larmeux ou qui pleurent continuelement. et pour plusieurs maladies qui y peuent venir par trop grant habondance de humeurs et de sang.

Au bout du nes on fait vne saignee laquelle vault moult au visaige rouge et bibeloux comme sont goutes rouges: pustules bouteraulx et autres infectiõs de cueur qui peuent venir en icelluy par trop grant replexion et habondance de sang et de humeurs. et si vault cõtre polippe de nes & autres maladies sẽblables.

En la bouche es genciues sont iiii vaines cestassauoir deux dessus & deux dessoubz. lesquelles on saigne pour les eschaufaisons et chancre de la bouche et contre douleur des dens.

Entre la leure et le manton a vne vaine quon saigne pour dõner amẽdement a ceulx qui se doubtent dauoir lalaine puante.

Es deux bras en chascun sont quatre vaines dont la vaine du chief est la plus haulte. la seconde dẽpres est celle du cueur. la tierce est celle du foye. la quarte est celle de la ratte. autrement dicte basse vaine du foye.

La vaine du chief prise au bras doit on saigner pour oster & diuertir la grãt replexion et habondance de sang lequel pourroit nuire au chief: ou aulx yeulx: ou au ceruel. et si vault moult aux chaleurs transmuables. et aux enfleures de la gorge. et a ceulx a qui le visaige enfle et rougist. et a moult dautres maladies qui peuent venir par trop de sang.

La vaine de la ratte autremẽt dicte basse vaine doit estre saignee cõtre toutes fieures tierces. et quartes. et en icelle doit on faire plus large playe et moins profõde que en nulle autre vaine pour ce quelle pourroit cueillir vẽt et de peur de plus grãt incõuenient pour vng nerf qui est dessoubz que nous appellõs lezard.

Es deux mains a en chascũe trois vaines. dõt celle de dessus le poulce on doit saigner pour diuertir et oster la grant chaleur du visaige. et pour beaucoup de gros sãg & de humeurs q̃ sõt au chief. celle vaine euacue plus que celle du bras.

Entre le petit doy et le doy appelle myre on fait vne saignee laquelle vault moult contre toutes fieures tierces et quartes. et contre colles. et contre plusieurs autres empeschemens qui viennent au pis et a la ratte.

Es cuisses sõt deux vaines cestassauoir en chascune cuisse vne au plat. de laquelle la saignee vault moult aux douleurs et enfleures des genitoires. et pour faire diuertir et mectre hors plusieurs humeurs qui sont es aignes.

La vaine q̃ est soubz la cheuille du pie par dehors se nõme sciat dõt la saignee vault moult aux doleurs et maladies des hãches et pour faire separer et mectre plusieurs humeurs hors qui en ce lieu se veulent assembler. et vault moult aux fẽmes pour restraindre leurs menstrues quãt elles en ont trop grãt habõdance

Fenissent les nothompe et fleubothompe de corps humain: et cõme on les doit entendre.

Cy devant nous avõs dit le regart des planetes sus les parties de lõme: et la diuision et nõbre des os du corps humain ensuit a congnoistre quant aucun homme est sain. ou malade. ou dispose aucunement a maladie. Pour quoy trois choses sont par lesquelles bergiers congnoissent quant vne personne est saine ou malade ou dispose a maladie. Sil est sain: soy maintenir et garder. Sil est malade soy guerir ou querir remede. Et sil est dispose a maladie soy pourueoir que ny enchiee. ¶ Et pour chascune desdictes troys choses congnoistre et sauoir mectent iceulx bergiers plusieurs signes. ¶ Sante proprement est temperance accord et equalite des quatre qualites de lomme; qui sont: Chaleur froideur Secherresse et Moiteur. ¶ Lesquelles quant sont egales et bien attemprees que lune ne surmonte lautre adoncques le corps de cellui est sain. mais quãt sont inegales et distemperees que lune domine lautre. lors est malade ou dispose pour lestre. ¶ Et sont les qualites que les corps tiennent des elemens desquelz sont faitz et cõposes. cest assauoir du feu chaleur / de leaue froideur, de lair moiteur / et de la terre seicheresse. Desquelles qualites quãt lune est demoderee des autres sensuit quon est malade. Et se lune destruit lautre du tout adonc on est mort.

¶ Signes par lesquelx bergiers congnoissent lomme estre sain et bien dispose en son corps.

¶ Le premier signe a quoy congnoissent bergiers lomme estre sain et bien dispose en son corps est quant mangue et boyt bien selon la conuenance de la fain et soif quil a sans faire exces. Item quãt il digere bien tost. et que ce quil a menge et but ne fforce point son estomach. ¶ Item quant il treuue bonne saueur et bon appetit en ce quil mangue et boit. ¶ Item quant il a fain et soif aux heures quil doit manger et boyre. Item quant il sesiouyst auec ceulx qui sont ioyeux. Item quant il dort bien sans resuer. ne songer ou faire chasteaux en espaigne. Item quãt il se sent leger et que il chemine bien. Item quãt il sue tost et que peu ou point il nesternue. Item quant il nest point trop gras: Ne aussi trop maigre. Item quant il a bõne couleur au visaige. et que ses sens sont tous bien disposes pour leurs operacions faire comme les yeulx a regarder: les oreilles a ouyr: son nes a odorer: et ainsi des autres iouxte la cõuenance de leaige & la disposicion de son corps et aussi du tẽps. Dautres signes mectroient: mais ceulx icy sont les plus cõmuns. et qui doiuent souffire pour bergiers.

¶ Signes opposites aux precedens par lesquelx bergiers congnoissent quant eulx ou autres sont malades.

¶ Premierement quant on ne peult bien manger ou boyre. ou que on na point appetit a heure de manger comme de disner ou souper. ou quant on ne treuue bonne saueur en ce quon mangue et boit. ou quant on a fain et on ne peult manger. ou quant on ne fait pas bonne digestion. ou quelle est trop longue. Item quant on ne va pas a chambre moderement cōme on doit. Item quant on est triste ou point ioyeulx en compaignie ou on se deuroit estre: lois maladie cōtraint et fait estre lomme triste. Item quant on ne peult dormir. ou prendre son repos a droit. et quil est heure. ¶ Item quāt on a les membres pesans: la teste les bras ou les iambes. Item quāt on ne peult cheminer legierement. ou que on ne sue point souuent. ¶ Item quant on baaille souuent. Item quant on estarnue souuent. Item quant on estend ses bras souuent. Item quāt on a couleur palle ou iaulne. Item quant les sens comme les yeulx: oraillés: et autres ne font bien leurs operacions. Item quant on ne peult labourer ou trauailler. ¶ Item quant on oublye legierement ce que est necessaire a souuenir. ¶ Item quant on crache souuent. Item quant les narines habondent en superfluites de humeurs Item quāt on est negligent en ses euures. Item quāt on a la chair enflee ou boffie le visaige les iābes ou les pies. ou quāt on a les yeulx chassieux sont les signes qui segnefient estre lomme malade: et qui plus a desditz signes tant plus est malade.

¶ Autres signes presque semblables aux dessusditz et demonstrent replexion de humeurs mauluaises pour sen purger.

¶ Replexion de mauluaises humeurs est disposicion a maladie selon lopinion des bergiers. Laquelle replexion est congnoistre pour faire purger lesdictes humeurs quelles nengēdrent maladie. et sont cōgnues par les signes qui sensuiuent. ¶ Premierement quant on a trop grant rougeur au visaige es mains ou es ongles. Item auoir les vaines plaines de sang. Item saigner du nes trop souuēt et legieremēt. Item auoir mal au front Item quant les oraillees cornent. Item quant les yeulx pleurent ou sont chassieux. Item auoir lentēdement trouble. Item quant le poux va legierement. Item quāt le ventre est resolu longuement. Item quāt on a la lumiere troublee. Item manger et nauoir point appetit. et tous les autres signes deuāt ditz sont par lesquelx on congnoist le corps estre mal disposé et auoir en soy humeurs corrumpues superflues ou mauluaises.

Une diuision du temps et regime du quel bergiers vsent selon que la saison et temps requierent.

Pour remedier aux maladies quon a: et soy garder de celles quon doubte aduenir. disent bergiers que le temps naturellement se change quatre foys en lan. et ainsi deuisent lan en quatre parties qui sont. printemps. Este. Antom. et yuers. Et en chascune de ces parties se gouuernent selon que la saison requiert a leur entendement et bien leur en prent. Et comme les saisons se changent aussi changent facon et maniere de viure et de faire: disans que changement de temps qui bien ne sen garde souuent engendre maladie. par ce que en vng temps ne conuient pas vser dauaines viandes lesquelles sont bonnes en autre. comme en yuers daucunes desquelles on vse en este. ou en este de toutes celles quon vse en yuers. ¶ Et pour cognoistre le changement du temps selon ses parties considerent le cours du soleil par les douze signes et dient que chascune desdictes quatre parties et saisons dure trois moys et que le soleil y passe par trois signes cestassauoir: en printemps. par Pisces Aries et Taurus. et sont les moys Feurier Mars Auril que la terre et les arbres sesiouissent et chargent verdure feulles et fleurs: et moult les fait beau veoir. En este par Gemini Cancer Leo. et sont les moys May Juing Juillet: que les fruitz de terre et des arbres se grossissent et meurent En antom par virgo Libra Scorpio. et sont les moys Aoust Septembre et Octobre. que la terre et les arbres deschargent fruictz et feulles et est le temps quon doit amasser et cueillir les fruitz. En yuers par Sagitarius Capricornus Aquarius. et sont les moys Nouembre Decembre Januier que la terre et les arbres sont comme secz mors et deuestus de fueilles fruitz et de toute verdure. ¶ Selon lesquelles quatre saisons bergiers diuisent le temps que lomme peult viure en quatre eages qui sont Jeunesse Force Viellesse et Decrepite. et se raportent aux quatre saisons de lan. cestassauoir Jeunesse au printemps qui est chault et moite et come les arbres et fruitz de la terre croissent. si fait lomme ieune iusques a. xxv. ans croit de corps en force beaulte et vigueur. ¶ Force se raporte au temps deste chault et sec ou le corps de lomme est en sa force et vigueur il se meurt iusques a xlv ans. Viellesse est comparee au temps dantom froit et sec que lomme se descroist et affeibly et pense damasser pour peur dauoir deffaulte quant viendra vieulx: et dure iusques a lxvi ans. ¶ Decrepite semble au temps dyuers froit et humide par habondance des froides humeurs et faulte de chaleur naturele ou quel eage lomme despend ce quil a acquis et amasse son temps passe. et sil na riens espargne demeure poure et nud comme la terre et les printemps est moite et chault nature de lair et complexion du sanguin. Este est chault et sec nature du feu et complexion du collerique. Autom est sec et froit nature de terre et complexion du melencolique. yuer et froit et moite nature de eaue et complexion du fleumatique. Quant vne complexion est bien proporcionee elle se sent mieulx disposee ou temps au quel. elle est semblable que ne fait aux autres. mais car chascun nest pas bien complexionne si doit faire comme bergiers font: prendre regime selon les saisons. soy garder et gouuerner par les enseignemens desquelx vsent en chascune des parties de lan: pour viure sainemēt lōguemēt et ioieusemēt.

¶Regime pour le printemps: mars, auril, et may

En printemps bergiers se tiēnent assez bien vestus dabillemens ne trop frois ne trop chaultz comme de tiretaine, pourpoins de futainnes robes moyennement longues et se fourrent daignelx plus communement. En ce temps se fait bon saigner pour oster les humeurs mauluaises que en yuer se sont amassees ou corps: et sus leste pourroient engendrer fieures aussi pour temperer la chaleur du corps. Si maladies aduiennent en printemps nest pas de sa nature. mais procedent des humeurs amassees en yuer passe. Printemps est vng temps atrempe pour prendre medicines a ceulx qui sont charnus et plains de grosses humeurs pour eulx purger. en cestuy temps on doit manger legieres viandes qui refroident comme poussins, cheurlotz au verius, iothes de arrasses, de borraches, de bethes et brouetz, de moyeux deufz oeufz ou verius brouches, perches, et tous poissons a esquaille. Boire vin tempere qui ne soit trop fort ne trop doulx car en ce tēps de toutes choses doulces on se doit garder den vser, et doit on dormir longue matinee et non point dormir sur le iour. Vne reigle generale pour tout temps bergiers ont qui vault moult contre toutes maladies cest que pour manger on ne perde son appetit et quon ne mangue iamais iusques a saturite. Item et que toutes chairs et poissons sōt meilleures rosties que boullies et que les boullies amēdent destre grisillees sur les charbons.

¶Regime pour le temps deste: iuing, iullet, aoust

En este bergiers sont vestus de robes froides et legieres. leurs chemises et draps esquelx couchent sont de lin: car sur tous draps nen est point de plus froit: ilz ont pourpoins de soye destamine, ou de toille delice et mangent legieres viandes comme poussins au verius, leurtaux, ieunes cōnis lectues, pourcelaine, melons, citrons, coordes, poires, prunes, et les poissons que nous auons deuant nommes. ¶Et aussi manguent de toutes viandes qui refroidēt. Aussi mãgent peu et souuēt desieunent ou disnent matin auāt que le soleil monte et souppent deuant quil se couche et vsent assez des susdictes viandes et de choses aigres pour donner appetit. Se gardēt de mãger trop salle et de eulx grater. boiuēt souuent eaue fresche boullue auec succre. ptizaine. et eaues qui refroidēt. et ceulx sont a toutes heures que appetit leur prent de boire. fors a heure de manger: disner: ou souper. que boiuent vin feible: verdelet: et messe deaue le tiers: ou demy. Aussi se gardent de trauailler trop et de eulx efforcer. Car en ce temps nest chose que plus les grefue que trop eulx eschauffer. En cestuy tēps se gardent de coucher auec femmes. et se saignēt souuēt en eaue froide pour la feible chaleur q̄ est dedens le corps efforcee par celle de dehors. Tousiours ont auec eulx sucre violet autre sucre et diagree de quoy vsēt peu et souuēt et en tout tēps le matin par forcent par toussir cracher moucher de vuider les flumes engendrees la nuit: se vuident par hault par bas mieulx que peuent: lauent leurs mains deaue fresche leurs bouches et visaiges.

¶ Regime pour autom. septembre, octobre, et nouembre.

En autom bergiers sont vestus a la maniere de printemps. excepte que leurs draps sōt vng peu plus chaultz. Et en cestuy tēps se diligētent de eulx purger et saigner pour temperer les humeurs de leurs corps. Car cest la saisō de lan plus maladiue. en laqlle perilleuses maladies aduiēnent et pour ce mãgent bōne viādes. sicōe chapons, poules, ieunes pigons qui cōmencent a voler, et boiuent bon vin sans eulx trop templir. En ce tēps se gardent songneusemēt de mãger fruitz. Car cest la saison de tout lan plus dāgereuse a fieures. Et dit que cellup neut onques fieures qui oncques ne mãga de fruictz. En ce temps ne boiuēt point deaue. et si ne lauent en eaue froide fors que les mains et le visaige. Ilz gardent leurs testes du froit de la nuit. et de la matinee. et si se gardēt de dormir entour midi. et de trauailler trop. ne endurēt faim ne soif. si mãgēt quant en ont talent, non pas quen soient plus pesās ne que en ayent la forcelle enfler.

¶ Regime pour le temps dyuer: decembre, ianuier, feurier

En yuer bergiers sōt vestus de robes de lainne bien espesse de drap velu hault tōdu fourre de renars. Car cest la plus chaude fourrure que puissēt vestir chatz sont bons, si sont cōnins, lieures, et autres fourrures a long poil qui sōt espesses. en ce tēps bergiers mãgēt chair de beuf, et de porc, de cerf, de biche, et de toute venaisō, perdrix faisās, lieures oiseaulx de riuiere et autres viādes que aiment le mieulx et peuent auoir. Car cest la saison de lan que nature seuffre plus grāt plante de viāde pour la naturele chaleur qui est retiree dedens le corps. en ce tēps aussi boiuēt vins fors chascū selon sa cōplexion vin bastart ou de ozoie deux ou trois fois la sepmaine vsons de bonnes espices en noz viandes: car ce temps est le plus sain de lan ¶ Du quel ne viendra ia maladie fors par grans exces et oultraiges faiz a sa nature ou par mauluais gouuernement.

¶ Dient aussi les bergiers que printẽps est chault et moite de la nature de lair: et complexion du sanguin. et que en icelluy temps nature se resiouist et le sang se espant par my les vaines plus quen autre temps ¶ Este est chault et sec de la nature du feu et complexion du colerique: ou quel tẽps on se doit garder de toutes choses qui esmeuuent a chaleur. tous exces et de viandes chauldes. Autom est sec et froit de la nature de terre et cõplexion du melẽcolique ou quel temps on se doit garder de faire exces plus quen autre temps pour danger des maladies: esquelles celluy temps est dispose. Mais yuers est froit et moite de la nature de leau et complexion du fleumatique que lõme se doit chaudemẽt moiẽnemẽt tenir pour viure sainemẽt ¶ Icy doit on noter que tout homme est fait et forme des quatre elemens desquelx tousiours vng a seignourie sur les autres. et celluy sur qui le feu a seignourie est dit colerique. cest a dire sec et chault. Celluy sur qui lair a seignorie est dit sanguin: cest a dire chault et moite. Celluy sur qui leaue a seignourie est froit et moite cest le fleumatique. Et celluy sur qui la terre seignourie est melencolique. cest a dire sec et froit. Desquelles cõplexions sera parle au cõmencement de phizonomie plus largement.

Nescio quo cequo lenta papauere dormit
Mens: que creatorem nesciat iniqua suum
En iterum toto lingua cruci figitur orbe:
En iterum patitur dira flagella deus
Factorem factura suum stimulante tyranno
Delictis factis deserit orba suis
Inde fames venit. inde discordia regum
Inde cananeis preda cibusq3 sumus
Inde premit gladius carnalis spiritualem
Et vice versa spiritualis eum
Hinc subitos atropos predatrix occupat artus
Nec sinit vt doleat peniteatq3 miser
Iure vides igitur q̃ recta ligamina nectit
Immundus mundus hec duo verba simul.

¶ Finit la phisique et regime de sante des
¶ Bergiers. Sensuit leur astrologie

Celum celi domi
terram autem de
filiis hominū. N
mortui laudabun
te domine neqȝ o
qui descendunt in
fernū. Sed nos q
uiuimus benedic
mus dño Quonia
uidebimus celos
os opera digitoru
tuorum lunā et s
las que tu funda
quia subiecisti om
sub pedibus nostr
oues et boues un
uersas i super et p
cora cāpi. Volucr
celi et pisces marie
qui per ambulant
mitas maris. Di
dñs noster q̄ adm
rabile est nomē tu

Qui veult comme bergiers qui gardent les brebis au
champs sans savoir les lectres. mais seulement par a
cūes figures quilz font en petites tabletes de boys auo
congnoissance des cieulx, des signes, des estoilles, d
planetes: De leurs cours mouvemens et proprietes e
plusieurs choses contenues en ce present cōpost & kalēdu
des bergiers lequel est extrait et compose des leurs kale
driers et mis en lettre telle que chascun pourra comprandre et savoir comm
eulx les choses dessusdictes. Premierement doit savoir que la figure et la d
posicion du monde. le nombre et ordre des elemens. et les mouvemens d
cieulx appartiennent a savoir a tout homme qui est de franche condicion.
De noble engin. et est belle chose delectable prouffitable et honneste. et auec
necessaire pour avoir plusieurs autres congnoissance en especial pour astro
gie dicte des bergiers pour quoy est assavoir que le monde est tout rond au
que une pelote. et est cōpose du ciel et des quatre elemēs ces cinq principal
parties. Apres doit savoir que la terre est ou milieu du monde car cest le pl

pesant element. Sur la terre est leaue ou la mer. mais elle ne couure pas toute la terre affin que les hommes et les bestes y puissent viure. et la partie descouuerte est dicte la face de la terre. car elle est comme la face de homme tousiours descouuerte et la partie qui est couuerte de mer est cōme le corps de homme qui est vestu et ne le voit on point. Sur leaue est lair qui encloust terre et mer. et est diuise en trois regions vne basse ou habitēt bestes et oyseaux. vne moiēne ou sont les nues en laquelle se font impressions comme escleres tōnaires et autres et est tousiours froide. La tierce est plus haulte ou na ne vent ne pluye ne fouldre ne autre impression. et sont aucunes montaignes qui attaignent iusques la comme est olimpus Apres est le element du feu qui nest ne flambe ne charbon. mais est pur et Inuisibile pour sa tresgrant clarte. car dautant que leaue est plus clere et legiere que la terre. et lair plus cler et leger que leaue, Dautant le feu est plus cler leger et beau que lair. et les cieulx a lequipollent sont plus clers legiers et beaux que nest le feu. Lequel tourne auecle mouement du ciel. aussi fait la prouchainne region de lair en laquelle sengendrent comettes qui sont dictes estoilles a cause de ce que sont luysantes et mouent comme les estoilles ¶ Les cieulx ne sont proprement ne pesans ne legers. ne durs ne molz. ne clers ne espes. ne chautz ne frois. ne si nōt ne saueur ne odeur ne couleur ne son. ne telles qualites fors qui sont chaulz en vertu car ilz peuent causer chaleur icy bas par leurs lumieres: par leurs mouemēs et par leurs influāces. et sōt improprement durs car ilz ne peuēt estre diuises ne casses. et aussi sōt improprement coulores de lumiere en aucūes parties et si sont espes comme est la partie dicte estoille. Esquelx ne peult estoille ne autre partie estre adioustee ou ostee. et ne peuent croistre ne appetisser. ou estre dautre figure que ronde. ne se peuēt muer ne chāger. ne empirer ne enuieillir. ne estre corrumpus ne alteres. fors aucunement en lumiere seulement cōme en temps declipse de soleil ou de lune. et ne peuēt arrester ne reposer. ne tourner dautre guise. ne plus tost ne plus tart. ne en tout ne en partie ne eulx auoir autremēt que selon leur cōmū cours. se nestoit par miracle diuin et pour ce sont les cieulx et estoilles dautre nature que les elemens. et chouse qui en sont composees lesquelles sont trāsmuables et corruptibles ¶ Les elemens et toutes choses qui en sont composees sont enclos dedens le premier ciel comme le moyeul de leuf est enclos en laubun. et le premier ciel est enclos du second. et le second dedens le tiers. et ainssi des autres: Le premier ciel prochain des elemens est le ciel de la lune Apres est le ciel de mercure. apres est le ciel de venus. puis le ciel du soleil. puis celuy de mars. puis celuy de iupiter. et aps celuy de saturne

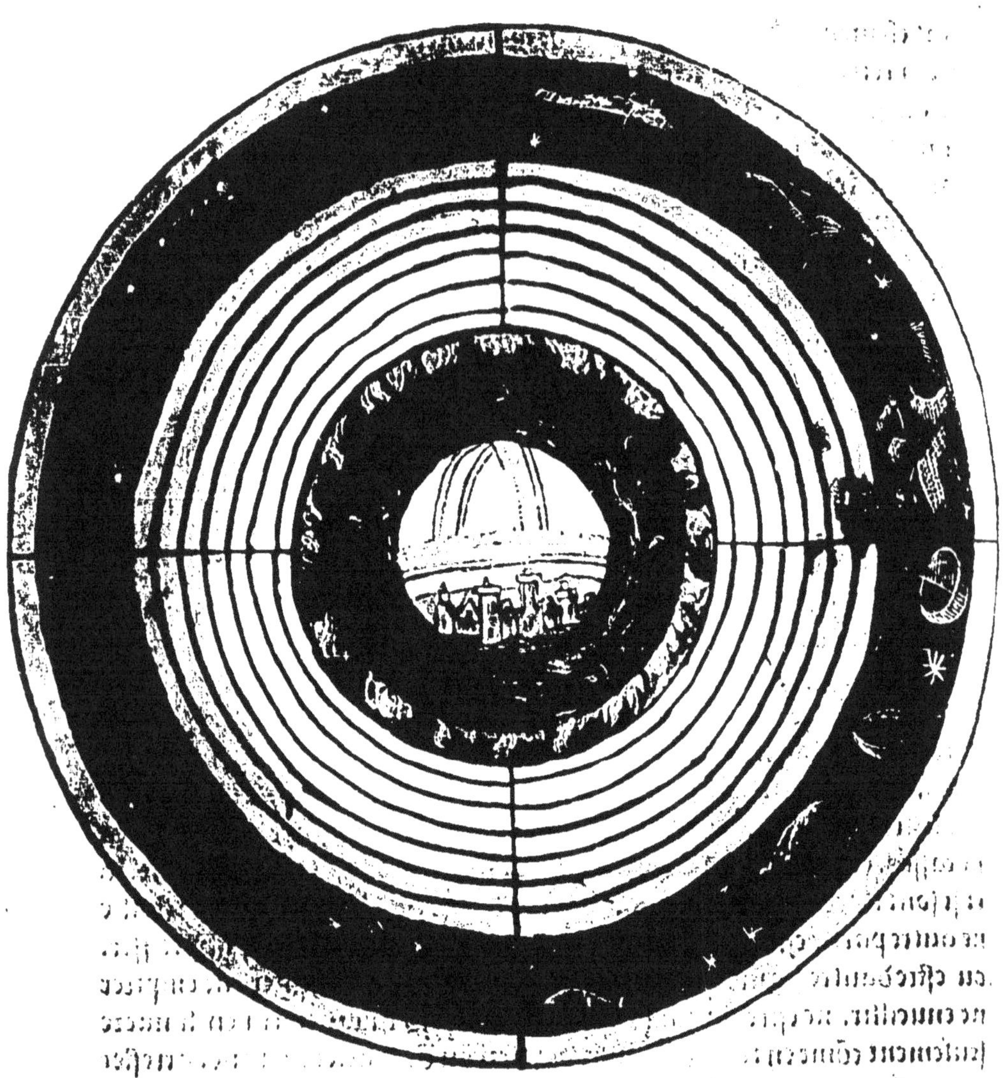

et sont les cieulx des planetes selon leur ordre. Le viii ciel est des estoilles fichées et sont ainsi dictes pour ce que mouēt plus regulierem̄ēt et toutes dune guise que ne font les planetes puis par dessus est le premier mobile ou quel na part chose que bergiers puissent veoir. Aucuns bergiers dient que par dessus les ix cieulx en a vng dit Immobile par ce que ne tourne point dessus le quel en est vng autre qui est de cristal par sus le quel est le ciel imperial ou quel est le trosne de dieu desquelz cieulx napertient a bergiers den parler. mais seulemēt du premier mobile. et ce quil cōtient tout ensemble appellent le monde. dune chose se merueillent moult cest comme dieu a distribue les estoilles que nen a mis nulles au ix ciel. et il en a tant mis au viii que on ne les sauroit nombrer. et es autres sept cieulx nen a mis fors en chascun vne tant seulement. en appellant estoilles le soleil et la lune. et tout ce appert par la figure cy dessus

¶ Du mouement des cielx et des planetes.

Aucuns mouemens sont des cieulx et planetes qui excedent les entendemens des bergiers comme est le mouement du firmament ou quel sont les estoilles cõtre le premier mobile en cent ans dun degre et le mouemẽt des planetes en leurs epicicles desquelx cõbien que bergiers nen soient ignorãs du tout si nen fõt point icy mencion car leur souffit seulement de deux don lũ est de orient en occident par sur la terre et de occident en orient par desoubz qui est dit mouement iournel cest a dire qui se fait de iour en iour en. xxiiii. heures par lequel mouemẽt le ix ciel cest le p̃mier mobile tyre auec soy ⁊ fait tourner les autres cielx qui sont desoubz luy ¶ Lautre mouemẽt est des sept planetes ⁊ est de occident en orient par sus la terre ⁊ de orient en occidẽt par dessoubz et est contraire au premier et sont les deux mouemens des cielx que bergiers congnoissent lesquelx combien que soient opposittes si se fõt ilz continuelement et sont possibles cõme mõstrent par exemple. ¶ Si une nef sur leaue venoit de orient en occident et ung hõme estoit dedãs celle nef en la partie vers occidẽt. et de son mouement propre cheminast des la nef tout belemẽt cõtre orient cellup hõe moueroit a double mouement. desquelx lun seroit de la nef et delup ensemble. et lautre seroit son mouement propre quil fait tout belement cõtre orient. ¶ Sẽblablement les planetes sont trãsportees auec leurs cielx de orient en occident par le mouement iournel du premier mobile. mais plus tart et autrement que les estoilles fixes par ce que chascun planete a son mouement propre contraire au mouement des estoilles ⁊ par ce en ung moys la lune fait ung tour moing enuiron la terre que ne fait une estoille fixe. et le soleil ung tour moing en ung an et les autres planetes. en certain temps chascune selon la quantite de son propre mouement. Ainsi appert que les planetes mouent a deux mouemens. ¶ Aucũs bergiers dient que pose par imagination que tous les cielx cessassent de mouoir du mouement iournel cest de orient en occidẽt encore la lune feroit ung tour ou ung circuit en allãt de occident en orient en autant de temps cõme dure maintenant. xxvii. iours et. viii. heures ⁊ mercure/et venus/et le soleil/feroient pareil tour en lespasse dun an/et mars en deux ans ou enuiron/⁊ iupiter en xii ans ou enuiron/et saturne en. xxx. ans ou enuiron. Car maintenant font ilz leurs tours ou reuolutiõs ⁊ acõplissent leurs propres mouemẽs es espasses de temps cy nõmes. ¶ Le propre mouement des planetes nest pas tout droit de occident en orient mais est ainsi cõme en bihaiz et le voient bergiers sensiblement. car quãt regardẽt en une nuit la lune deuãt une estoille la seconde nuit ou la tierce la voient derriere non pas tout droit vers orient mais sera tiree unefoys vers septẽtrion et autreffoys vers midi et cecy est pour cause de la latitude du zodiaque ou quel sõt les. xii. signes et soubz lequel mouent les planetes.

¶ De lequinoctial et zodiaque qui sont ou ix ciel qui contient le firmament et les autres soubz soy.

Au concaue du premier mobile bergiers imaginet estre deux cercles et y sont realement lun gresle cōme vng fillet et appellent cestuy equinoctial et lautre large en maniere dune cincture large ou dun chapeau de fleurs lequel appellent zodiaque. et les deux cercles se intersequent et diuisent lun lautre egalement: mais non pas droictement. car le zodiaque croise en bishais. et les endrois ou se croisent sont ditz equinocces. ¶ Pour entendre lequinoctial on doit sensiblement tout le ciel tourner dorient en occident: et ce est appelle mouement iournel: si doit on imaginer vne ligne droicte qui passe par my la terre venāt dūg bout du ciel a lautre entour laquelle ligne est fait ce mouemēt et les deux boutz sont deux pointz ou ciel qui ne mouent point et sont appelles les poles du monde. desquelx lun est sur nous pres de lestoille de nort qui tousiours nous appart et est le pole artique ou septentrional. et lautre est soubz terre tousiours mucе appelle pole antartique ou pole austral. au millieu desquelx poles ou premier mobile est le cercle equinoccial egalement distant vne partie cōe lautre desdis poles. et selon le cercle est fait et mesure le mouemēt iournel de xxiiii heures cest vng iour naturel et est dit equinoctial pour ce que quant le soleil y est le iour et la nuit sont egalx par tout le monde. ¶ Le zodiaque large cōme dit est ou premier mobile aussi. est comme vne cincture gentillement ferree ou figuree des ymaiges des signes entaillies subtillement et bien cōposees. et destoilles fiches ainsi cōme de scarboucles luysans ou de precieuses gēmes plaines de grant vertus assises par maistrise tresnoblement paree. ou quel zodyaque sont quatre principalx pointz qui le diuisent egalement en quatre parties. vng hault dit le solstice deste: ou quel quant le soleil est: entre en cancer et est le plus long iour deste. vng autre bas dit le solstice dyuer ou quel quant le soleil est: entre en capricornus et est le plus court iour dyuer vng autre moien dit equinoctial dautom que le soleil entre en libra ou moys de septembre Et lautre dit lequinoctial de printemps que le soleil entre en aries ou moys de mars. Lesquelles quatre parties diuisees chascune en trois parties egalles sont xii parties qui sont appellees signes nōmes Aries/taurus/gemini/cancer/leo/virgo/libra/scorpius/sagitarius/capricornus/aquarius/pisces ¶ Aries cōmēce ou lequnoctial croise le zodiaque et quāt le soleil y est commence decliner cest a dire approcher de septētrion et vers nous et se extend vers orient. apres est taurus le secōd gemini le tiers et ainsi des autres cōme la figure cy apres le mōstre. Itē chascun signe est deuise en xxx degres. et sont ou zodiaque trois cens lx degres. et chascun degre diuise par lx minutes. chascune minute en lx secons. chascun second en lx tiers. et souffit pour bergiers ceste diuision.

¶ Bergiers congnoissent une variation subtille ou ciel, et est car les estoilles fixes ne sõt pas soubz les mesmes degres ou signes du zodiaque quelles estoient quãt furẽt crees a cause du mouement du firmament ou quel elles sont contre le premier mobile en cent ans dũ degre pour la quelle mutation le soleil peut auoir autre regart a une estoille et aultre signification que nauoit le temps passe et mesmemẽt q̃t les liures furent faiz par ce que le stoille a change le degre ou le signe soubz qui elle estoit, et cecy fait faillir souuẽt ceulx qui prenostiquent et sont iugemens futeurs ¶ Tous cercles du ciel sõt gresles fors le zodiaque qui est large, et cõtient en lõgueur trois cens lx degres. et en largeur xii. laqlle largeur est diuisee par le droit milieu six degres en ung coste et six dautre ꝛ est faicte ceste diuision par une ligne nõmee ecliptique laquelle ecliptique est le chemin ꝛ voie du soleil car iamais le soleil ne part de desoubz celle ligne et ainsi est tousiours ou milieu du zodiaque mais les autres planetes tousiours sont dun coste ou dautre de ceste ligne si non quãt sõt en la teste ou en la queue du dragon comme la lune tous les moys y passe deux foys. et sil aduient que soit quant se renouuelle il est eclipse de soleil. et si lest en plaine lune et quelle soit soubz le nadir du soleil. si lest droictement il est eclipse generale et si nest que une partie on ne la voit point Quãt est eclipse de soleil elle nest point generale par tous les climatz mais bien en aucun climat seulemẽt mais quãt est eclipse de lune elle est generale par toute le terre.

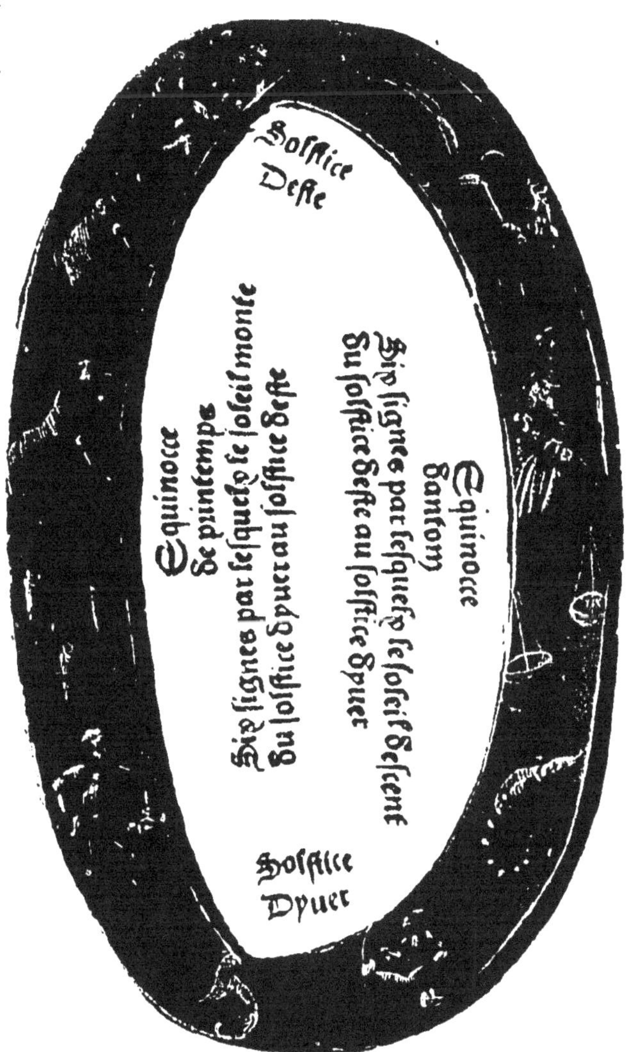

¶ De deux grans cercles cest assavoir lung meridien et lautre orizon qui se intersequent et croisent droictement.

Meridien est grāt cercle ymagine ou ciel q̄ passe par les poles du monde et par le point ou ciel droit sur nostre teste lequel est appelle zenith. et toutesfoys que le soleil est venu de oriēt iusques a ce cercle il est midy et pour ce est appelle meridiē. et est la moitie de ce cercle sur terre et lautre desoubz qui passe par le point di minuit droictement opposite a zenith et quant le soleil attouche celle partie du cercle il est minuit. et se vng hōme va vers orient ou vers occidēt il a nouuel zenith et nouuel meridien et pour ce est plus tost midi a ceulx qui sōt vers orient que a ceulx qui sōt vers occidēt et si vng hōme est tousiours en vng lieu son meridien est tousiours vng ou sil va droit contre midi ou vers septentrion. mais ne se peult remuer quil nait autre zenith. et les deux cercles meridien et orizon se intersequēt et croisent droictement. ¶ Orizon est vng grant cercle qui diuisent la partie du ciel laquelle nous voyons de celle laquelle ne voyons pas. et dient bergiers que se vng homme estoit en plat pays verroit iustemēt la moitie du ciel laquelle appellent leur emispere. cest a dire demie espere. et est orizon ioingnāt presque a la terre duquel orizon le centre cest le milieu est la place en laquelle nous sumes. ainsi chascun est tousiours ou milieu de son orizon. et zenith en est le pole et cōme vng homme se transporte de lieu en autre il est en autre endroit du ciel et a autre zenith et autre orizon ¶ Tout orizon est droit ou oblique. ceulx ont droit orizon qui habitent soubz lequinoctial et ont leur zenith en lequinoctial car leur orizon interseque et diuise lequinoctial droictement par les deux poles du monde tellement que nul des poles nest esleue sur leur orizon ne desprime dessoubz. mais ceulx qui habitent ailleurs que soubz leq̄noctial ont orizon oblique car leur orizon interseque et diuise lequinoctial en bihais et non pas droit et leur appert tout tēps vng des poles du mōde esleue dessus leur orizon et lautre leur est tousiours muce que ne le voient point: plus ou moingz selon diuerses habitations et selon que on est eslongne de lequinoctial. et tant plus est le pole esleue tant est plus lorizon oblique. et lautre pole deprime. Et est assavoir que autāt a il de distance de lorizon au pole cōme il en y a du zenith a lequinoctial. et que zenith est la quarte partie de meridien: ou le milieu de larc iournel duquel les deux bous sont sur lorizon Item et que du pole iusques a lequinoctial est la quarte partie de toute la rondeur des cieulx. et aussi du cercle meridien puis quil passe par les poles. et croise lequinoctial droictement.

¶ Exemple de lorizon de paris selon loppinion des bergiers sur lequel orizon dient que le pole est esleue xlix degres pour quoy dict aussi que du zenich de paris a lequinocial sont xlix degres. ⁊ que de lorizon iusques a zenith qui est la quarte partie du cercle meridien sont nonante degres. ⁊ du pole iusques a zenich sōt xli degres. ⁊ du pole iusques au solstice deste lxvii degres. ⁊ du solstice iusques a leq̄nocial sont xxxiii degres. aīsi sōt du pole iusques a lequinocial nonante degres ⁊ est la quarte partie de la rondeur du ciel. de lequinocial iusques au solstice dyuer a xxiii degres. ⁊ du solstice iusques a lorizon xviii ¶ Ainsi seroit lequinoctial esleue sur lorizon de paris xli degres. ⁊ le solstice deste lxiiii degres ¶ Ou quel solstice est le soleil a heure de midy le plus grant iour deste. Et lors entre en cācer ⁊ est plus pres du zenich de paris ⁊ autres de nrē partie habitable que pourroit estre. ⁊ quant le soleil est ou solstice dyuer le plus court iour de lan heure de midi entre en capricornus. et nest esleue celluy solstice sur lorizon de paris que xviii degres: lesquelles eleuations toutes facilemēt on peult trouuer maisque on en congnoisse vne seulement et en chascune region pareillement selon sa situation.

¶ De deux autres grans cercles du ciel et quatre petis.

¶ Deux grās cercles sont ou ciel nōmes colures qui diuisent les cielx en quatre parties egales ⁊ se croisent droictement passant lun par les poles du mōde ⁊ par les deux solstices. et lautre par les poles aussi et les deux equinoctes. ¶ Le premier des petis est dit cercle artique cause du pole du zodiaque entour le pole artique. et son pareil est a son oposite nōme cercle antartique. Les autres deux sont nommes tropiques: lun deste. ⁊ lautre dyuer. Le tropique deste est cause du solstice deste commēcement de cancer et le tropique dyuer du solstice dyuer cōmencement de capricorne. et sont egalemēt distās lun cercle de lautre ¶ Icy doit on noter que les distāces du pole artique. au cercle artique. et la distance du tropique deste a lequinoctial. et celle de lequinoctial au tropique dyuer: et du cercle antartique au pole antartique sont iustemēt egales chascūe de xxiii degres et demy ou enuiron. donc la distance de lequinoctial ou tropique deste. et du cercle artique au pole. sont ensemble xlvii degres Lesquelx ostes du quartier dentre le pole et leq̄noctial ou il y a nonante degres reste quil en demeure xliii. qui sont la distance entre le tropique deste et le cercle artique. pareillemēt entre le tropique dyuer et le cercle antartique. et sōt ditz ces cercles petis car ne sont si grans que les autres toutesfoys sōt ilz diuises chascū par trois cens lx degres comme les plus grans.

¶ Du lieuement et reconsement des signes en loizon

Oizon & emispere different. car oizon est le cercle qui deuise la partie du ciel laquelle nous voiōs de celle soubz terre que ne voiōs pas & emispere est celle partie du ciel sur terre que nous voiōs ¶ Itē oizon est vng cercle qui ne meut si non comme nous mouons de lieu en autre. mais emispere continuelement tourne. car vne partie lieue & monte sur nostre oizon. et lautre partie reconse et entre dessoubz. ainsi oizon ne lieue ny ne reconse. mais ce qui vient dessus lieue et ce qui va desoubz reconse. meridien aussi ne lieue ny ne recōse ¶ Equinocial est le cercle iournel qui lieue et reconse regulierement autāt en vne heure comme en vne autre et tout en xxiiii heures. zodiaque cercle large et oblique ou quel sont les signes lieue et reconse tout en vng iour naturel. mais non pas regulierement. car il en lieue plus en vne heure quen autre pour tāt que nostre oizon est oblique et deuise le zodiaque en deux parties dont lune tout temps est sur nostre oizon et lautre dessoubz ¶ Ainsi la moitie des signes se lieuent sur nostre oizon chascun iour artificiel tant soit petit ou long. et lautre moitie par nuit: pour quoy conuient que es iours qui sont plus briefz que les nuitz: les signes lieuent plus tost. et es iours longz plus a loisir. et ainsi le zodiaque ne lieue pas regulierement en ses parties comme lequinocial. mais y a deux foys lan variation. car la moitie du zodiaque qui est du commencement de aries iusques en la fin de virgo tout ensemble met autant de temps a leuer cōme la moitie de lequinocial qui est decoste soy. & cōmēcēt a leuer en vng moment. et acheuent en vng moment aussi. Mais ceste moitie du zodiaque lieue au commēcement plus tost et ceste moitie de lequinocial plus a loisir. et ce est appelle leuer obliquement ¶ Item lautre moitie du zodiaque qui est du commēcement de libra iusques a la fin de pisces et la moitie de lequinocial qui est en coste soy. commēcent et lessent a leuer ensemble. mais lequinocial en celle partie lieue au commēcement plus tost et le zodiaque plus a loysir. et ce est appelle leuer droit. qui est tousiours plus leue de leq̄nocial que du zodiaque & neātmoingz fenissēt ensemble. ¶ Exemple pour les deux mouemens qui sont ditz. comme se deux hommes alloiēt de paris a saint denis et partissent ensēble mais au commēcement lun cheminast plus tost & lautre plus a loisir celluy qui chemineroit plus tost seroit p̄mier au milieu du chemin que lautre. mais si de la: celuy qui auoit chemine tost cheminoit a loisir & lautre cheminast tost. aussi tost seroiēt a saint denis lun cōme lautre ¶ Item la moitie du zodiaque depuis le cōmencemēt de cancer iusques a la fin de sagitarius en leuāt apporte plus que la moitie de lequinocial si que ceste moitie toute lieue droit: et lautre moitie du zodiaque lieue obliquement.

## ¶ De la diuision de la terre et de ses regions.

Deuant que parlons des estoilles et congnoissance que bergiers en ont: dirons de la diuision de la terre et de ses parties a leurs oppinion. pour quoy est a noter que la terre est comme ronde et pour ce ainsi cõme on va de pays en autre on a autre oizon quon nauoit et apparest autre partie du ciel. ⁊ se vng hõme aloit de septẽtrion droit vers midi le pole artique luy seroit moingz esleue cest a dire apparestroit plus prouchain de la terre et sil aloit au cõtraire luy seroit plus esleue. cest a dire apparestroit plus hault ⁊ pour ce sil aloit vers midi soubz vng meridiẽ tãt que le pole artique fust moīgz esleue sur sõ oizon par la xxx partie de la vi partie de lare meridien Il auroit passe la xxx partie dune des vi ptīes de la moitie du circuit de la terre, ⁊ luy seroit le pole moīg esleue dū degre ou au cõtraire tãt ql fust plus esleue dun degre lors auroit passe vng degre du circuit de la terre de laquelle tous les degres ensẽble sont trois cens et lx et cõtient vng degre de la terre xliii lieues et demie ou enuiron. ¶ Et comme lespere du ciel est diuisee par les quatre meindres cercles en cincq parties dictes cincq zones. Ainsi la terre est diuisee en cinq regions des quelles la premiere est entre le pole artique et le cercle artique. La seconde est entre le cercle artique et le tropique deste. ¶ La tierce est entre le tropique deste et le tropique diuer. ¶ La quarte entre le tropique diuer et le cercle antartique. La quinte entre le cercle antartique et le pole antartique. ¶ Desquelles parties ou regions de la terre. Aucuns bergiers dient que la premiere et la cinquiesme sont inhabitables pour trop grant froideur. car sont trop loītaines du soleil. La tierce qui est moiẽne est trop pres du soleil et soubz la voye et est inhabitable pour trop grant chaleur. Les autres deux parties. La seconde et la quarte ne sont ne trop pres du soleil ne trop loingt: ainsi sont atrempees en chaleur et froideur et pour ce sont habitables se ny auoit autre empeschement: et pose quil soit vray: si nest il possible de passer du trauers la region dessoubz la voye du soleil dicte zone torride pour aler de la secõde a la quarte car aucuns bergiers y eussent passe qui en eussent parle pour quoy dient quil ny a region habitee que la seconde en laquelle nous et tous autres viuans sumes.

## ¶ De la variation qui est pour diuerses habitations et les regions de la terre.

Les bergiers diẽt que sil estoit possible que la terre fut habitee tout ẽtour et posent le cas que ainsi soit. Premierement ceulx qui habitent soubz le quinocial ont en tout temps les iours et les nuitz egalx et ont les deux poles du monde aux deux coingz de leur oizon et peuent veoir toutes les estoilles quant ilz voient les deux poles. et le soleil passe deux foys lan par sur leurs testes ce est quant il passe par les equinoctiaulx ¶ Ainsi le soleil leur est par une moitie de lan vers le pole artique ꝛ par lautre moitie devers lautre pole: et pour ce ont deux yvers en ung an sans grant froit. lun quant nous avons yver et lautre quant nous avõs este. Semblablement ilz ont deux estez lun en mars quãt nous avons printemps lautre en septembre quant nous avons autom. Et par ainsi ont quatre solstice deux haulx quãt le soleil passe par leurs zenichz ꝛ deux bas quãt decline dune part ou dautre ꝛ ainsi ont quatre ombres en lan. car quant le soleil est es eqnocces deux foys lan. du matin leur ombre est en occident et du soir en orient et a midi nont point dombre mais quãt le soleil est es signes septentrionaulx. leur ombre est vers la partie des signes meridionaulx. et au contraire. ¶ Secondement ceulx qui habitent entre lequinocial et le tropique deste ont pareillemẽt deux estes ꝛ deux yvers ꝛ quatre ombres en lan et nont differẽce des premiers si non car ilz ont plus lõgz iours en este et plus cours en yver car comme on eslongne lequinocial les iours deste alongissent. et en ceste partie de la terre est le premier climat ꝛ presque la moitie du second ꝛ est nommee arabie. en laquelle est ethiopie. Tiercement ceulx q̇ habitent soubz le tropique deste ont le soleil sur leur testes le iour du solstice deste a midi. et tout le remenãt de lan ont ombre comme nous mais a midi plus petite que nous ꝛ en y a une partie dethiope ¶ Quartement ceulx q̇ sont entre le tropique deste ꝛ le cercle artique ont les iours plus longz en este que les dessusdis de tant cõe ilz sont plus loing de lequinoctial ꝛ plus cours en yver ꝛ nõt iamais le soleil sur leur teste ne devers septentrion. Et en ceste partie de la terre nous habitons. Quintement ceulx qui habitent soubz le cercle artique ont lecliptique du zodiaque leur orizon ꝛ quãt le soleil est ou solstice deste ne leur recõse poit et ainsi ilz nont point de nuit. ung iour naturel de xxiiii heures semblablement quãt le soleil est en solstice diver il est ung iour naturel quilz ont continuelemẽt nuit ꝛ que le soleil ne leur lieve point ¶ Sextement ceulx qui sõt entre le cercle artique ꝛ le pole artique. ont en este plusieurs iours naturelz qui leurs sont ung iour artificiel sans nuit ꝛ aussi en yver sont plusieurs iours naturelz esquelx ilz leur est tousiours nuit: ꝛ tant plus sapprouche len du pole tant est le iour artificiel deste plus grãt ꝛ dure en ung lieu une sepmaie. en autre ung mois. en autre deux. en autre trois ou plus ꝛ proporcionalement est plus grande la nuit dyver. car aucuns des signes sont tousiours sur leur orizon ꝛ aucuns tousiours dessoubz. ꝛ tant comme le soleil est es signes dessus il est iour. ꝛ tant comme il est es signes dessoubz il est nuit. Septiesmemẽt ceulx qui habitent droictemẽt soubz le pole ont la moitie de lan le soleil sur leur orizon ꝛ continuel iour et lautre moitie de lan cōtinuelemēt nuit. car lequinoctial est leur orizon qui deuise les signes six haulx et six bas. pour quoy quant le soleil est es signes qui sont hault et deuers eulx. ilz ont continuel iour. et quant est en ceulx deuers midy ilz ont continuelle nuit. ainsi nont en lan que vng iour ⁊ vne nuit. et cōe dit est de ceste moitie de la terre vers le pole artique on peult entēdre de lautre moitie. ⁊ les habitatiōs deuers le pole ātartique

¶ Diuision de la terre: et seulement de la partie qui est habitable.

Bergiers et daultres cōme eulx diuisēt la terre habitable en sept parties quilz appellent climatz et les nomment. le premier climat diameroes. le secōd climat diacienes. le tiers climat dialixandrie. le quart climat diarhodes. le quint climat diaromes. le sixiesme climat diaboustenes. le septiesme climat diaripheos. desquelx chascun a sa lōgueur determinee ⁊ sa largeur aussi. et tāt sōt plus pres de lequinoctial et tant sont plus longz et larges. et procedent en longueur de orient en occident. et en largeur de midi a septentrion. Le premier climat selon aucuns bergiers contient de long la moitie du circuit de la terre qui est cent mil et deux cens lieues. Ainsi auroit cinquāte mil et cent lieues de long. Le secōd climat est plus court et moins large. et le tiers plus que le secōd: et ainsi des autres pour lappetissement de la terre tirant vers septentrion. ¶ Pour entendre quest a dire climat cōme bergiers on doit sauoir que climat est vne espace de terre egalement large. de laquelle sa longueur est de orient en occident et sa largeur est venant du midi et de la terre bien habitable vers lequinoctial tirant a septentrion tant comme vng horloge ne se change point. Et car en la terre habitable les horloges se changent sept foys en la largeur des climatz. est necessite dire que soient sept. et ou est la variation des horloges: est la diuersite des climatz. cōbien que telle variation proprement doit estre prinse ou milieu des climatz. non au commencement ne a la fin pour la proximite et conuenance lun de lautre. Item en vng climat tousiours a vng iour artificiel deste plus lōg ou plus court quen lautre climat et ce iour monstre la difference ou milieu de chascun mieulx que au commencement ou en la fin laquelle chose on peult cōgnoistre sensiblement a loeil ⁊ par ce iuger de la differēce des climatz. Et est a noter que soubz lequinoctial les iours ⁊ les nuitz en tout temps sōt egaulx chascun de xii heures. mais venāt vers septentrion les iours deste alōgissēt et ceulx dyuer appetissent et tāt plus approche len septentrion tant plus les iours croissent tellemēt que en la fin du derrenier climat les iours en este sont plus grās trois heures et demie que ne sont au commencement du premier. et le pole plus est esleue de xxx viii degres. Au cōmēcement du premier climat le plus long iour deste a xii heures et xlv minutes. et est le pole esleue sur lorizon xii degres et xlv minutes. et ou milieu du climat le plus lõg iour a xiii heures & est le pole esleue xvi degres & dure sa largeur iusques ou le plus lõg iour deste est xiii heures & xv minutes et le pole esleue xx degres et demy. laquelle largeur est deux cens et xx lieues de terre. Item le second climat commence ou est la fin du premier et le milieu est ou le plus long iour a xiii heures et demie & le pole est esleue sur lorizon xxiiii degres et xv minutes. et dure sa largeur iusques ou le plus long iour a xiii heures et xlv minutes et le pole est esleue xxvii degres et demy & cõtiẽt de terre ceste largeur deux cens lieux tout iustemẽt Le tiers climat cõmence ou est la fin du second et son milieu est ou le plus long iour a xiiii heures et le pole est esleue xxx degres & xlv minutes et sa largeur se extend iusques ou le plus long iour a xiiii heures et xv minutes et le pole est esleue xxxiii degres et xl minutes. Le quart climat cõmence a la fin du tiers & son milieu est ou le plus long iour a xiiii heures et demie et le pole est esleue xxxvi degres et xx minutes sa largeur dure iusques ou le plus long iour a xiiii heures et xlv minutes et le pole est esleue xxxix degres et contient de terre la largeur cent et cinquãte lieues Le quint climat commence en la fin du quart et son milieu est ou le plus long iour a xv heures & le pole est esleue xli degres et xx minutes & dure sa largeur iusques ou le plus long iour est xv heures & xv minutes & le pole est esleue xliii degres & demi sa largeur cõtiẽt de terre cẽt xxvi lieux Le sixiesme climat cõmence en la fin du quint et son milieu est ou le plus lõg iour est xv heures et demie et le pole est esleue sur lorizon xlv degres et xxiii minutes du quel la largeur dure iusques ou le plꝰ lõg iour a xv heures et xlv minutes laquelle largeur a de terre cent vi lieues. Le septiesme climat commence en la fin du sixieme et son milieu est ou le plus lõg iour a xvi heures et le pole est esleue xlviii degres et xl minutes: sa largeur se extend iusques ou le plus long iour a xvi heures et xv minutes et le pole est esleue cinquante degres et demy et contient ceste largeur de terre quatre xx xiii lieues.

## Vne merueilleuse cõsideration de grant entendement des bergiers.

¶ Soit pose le cas que selon la longitude des climatz on peult enirõner la terre tout entour en alãt droit vers ocadent tãt que len fust retourne au lieu dont len seroit party aucũs bergiers dient que peu sen fault quon ne face ce tour: dient dõcques par cause dexemple. que ung homme fist ce tour en xii iours naturelx alãt regulieremẽt vers occident & cõmẽcast maintenãt a midi il passeroit chascũ iour naturel la xii partie du circuit de la terre et sont xxx degres: donc cõuiendroit que le soleil fist vng tour entour la terre ꝛ xxx degres oultre auãt ql retournast lendemain au meridie de cellup hõe et ainsi auroit cellup hõe son iour et nuit de xxvi heures. et seroit plus long par la xii partie dun iour naturel que sil se reposast par quoy sensuit de necessite que en xii iours naturelx cellup homme auroit tãt seulement xi iours et xi nuitz et quelque peu moingz et que le soleil ne luy lieueroit que xi foys ny ne reconseroit que xi foys. car xi iours et xi nuitz chascun iour et nuit de xxvi heures sont xii iours naturelx chascun de xxiiii heures. ❡ Item par semblable consideration cõuiendroit que vng autre homme qui feroit ce tour allant vers orient eust son iour et nuit plus court que nest vng iour naturel. de deux heures et ne seroit son iour et nuit que xxii heures. Doncques sil faisoit ce tour en mesme temps: cest assauoir en xii iours naturelx ensuiuroit par necessite quil auroit xiii iours et peu plus. Ainsi se iehan faisoit le tour vers occident et pierre vers orient. et robert les actendist ou lieu don seroient partis lun quãt lautre ꝛ retournissent lũ quãt lautre aussi: pierre diroit que auroit deux iours ꝛ deux nuitz plus que iehan. ꝛ robert qui se seroit repose vng iour moingz que pierre. et vng iour plus que iehan cõbien quilz eussent fait ce tour en xii iours naturelx ou en cent. ou en dix ans: cest tout vng et ce est bel a considerer entre bergiers comme iehan et pierre arriueroient en vng mesme iour pose que fust dimenche. et iehan diroit il est samedi. et pierre diroit il est lundi. et robert diroit il est dimenche.

## ❡ Du pomeau des cieulx estoille nõmee: lestoille de nort pres laquelle est le pole artique dit septentrional.

❡ Apres ce que dessus est dit icy venons a parler daucunes estoilles en particulier. Et premieremẽt de celle que bergiers nõmẽt le pomeau des cieulx ou estoille de nort pour quoy on doit sauoir que sensiblemẽt nous voions le ciel tourner de orient en occident par le mouement iournel cest du premier mobile lequel se fait sus deux pointz opposites qui sõt les poles du ciel desquelx lun nous appart et est le pole artique: ꝛ lautre ne voions point cest le pole ãtartique: ou de midi qui tousiours est muce soubz la terre. Pres du pole artique qui nous appart est lestoille plus prochaine que bergiers appellent le pomeau des cieulx laquelle dient plus haulte et lointaine de nous. et par laquelle ont la congnoissance quilz ont des autres estoilles et parties du ciel. ❡ Les estoilles qui sont pres de cest pomeau ne vont iamais soubz terre desquelles sont les estoilles qui sõt le chariot. et pluseurs autres. mais celles qui en sont loing vont aucũe foys soubz terre. cõe le soleil/la lũe ꝛ autres planetes. Soubz ce pomeau droictemẽt est langle de la terre. ledroit ou est le soleil a heure de minuit.

¶ De andromede estoille fixe

Aries est signe chault et sec qui gouuerne de lõme le chief la teste et la face et des regions babilonne et perse et arabie Et segnefie petis arbres et soubz luy ou xvi degre se lieue vne estoille fixe nõmee andromeda que bergiers figurent vne fille en cheueux sur le riuaige de la mer mise pour estre liuree aux monstres qui en yssent. mais perceus filz de iupiter combatit de son espee le monstre et le tua don fut deliuree ladicte andromede Ceulx qui sont nes soubz sa constellatian sont en danger de prison ou de mourir es prisons: mais se bon planete y regarde rechapent de mort et de prison Aries est exaltation du soleil ou xix degre et si est aries maison de mars auec Scorpius en laquelle mars sesiouist le plus.

¶ De lestoille fixe nõmee perceus seigneur de lespee

Taurus a les arbres plantes et antes et gouuerne de lomme le col et le noud du gozier. Et des regions ethyopie egypte et le pays dentour et soubz son xxii degre se lieue vne estoille fixe de la premiere magnitude que bergiers appellent perceus filz de iupiter qui copa la teste de medusa laquelle faisoit mourir tous ceulx qui la regardoient: et par nul engin ne sen pouoient garder Bergiers dient que quãt mars est cõioinct auec ceste estoille. ceulx qui sont nes soubz sa cõstellation ont la teste trachee se dieu ne leur fait grace et appellent aucũeffoys ladicte estoille Seigneur de lespee et la figurent vng homme nud lespee en vne main et en lautre le chief de medusa et ne le regarde point Et est taurus exaltation de la lune ou troiziesme degre.

¶ De orion estoille fixe et ses compaignes

Gemini segnefie largesse bon couraige sens beaulte clergie et gouuerne de lõme les espaulles les bras et les mains. et des regiõs iugen armenie cartage et a les moyens arbres. Et soubz son xviii degre se lieue vne estoille fixe nommee orion et xxxvi autres estoilles auec soy et est en figure dun homme arme vestu dun auberion et feint vne espee et segnefie grans capitaines. Ceulx qui sont nes soubz sa constellation sont en danger de mort violente et estre tue en traison se bonne fortune faicte en leur natiuite ne les saulue. Gemini: et virgo sont les maisons de mercurius mais virgo est celle en quoy sesiouist le plus. et si est gemini au iii degre lexaltation de la teste du dragon.

¶ De lestoille fixe que bergiers appellent alhabor

Cancer dominie les arbres longz et egaux et du corps de lomme la poictrine le cueur lestomach les costes la ratelle et le polmon. et des regions armenie la petite et la region dorient. Et se lieue dessoubz luy au. viii. degre vne estoille fixe que bergiers appellent alhabor cest a dire le grãt chien: et dient que ceulx qui sont nes soubz sa constellacion et quelle est en lascendant ou au milieu du ciel elle segnefie bonne fortune et se la lune est auec elle: et la partie de fortune. celluy qui sera ne deuiendra moult riche Et est cancer maison de la lue et si est lexaltacion de iupiter ou xv degre.

¶ De lestoille fixe nommee cueur de lyon

Leo a les grans arbres cest a dire qui les seignorie. et segnefie homme terrigineux plain de courroux et dangoisse: et du corps de lomme regarde le cueur proprement le dos et les costes et des regions artitri iusques a la fin de la terre habitable ¶ Et soubz son. xviii. degre se lieue une estoille fixe nommee cueur de lyon Et ceulx qui sont nes soubz sa constellacion ainsi que dient bergiers sont esleues en haulte seignourie. ou en grät office: et puis ilz sont deprimes ou rabaisses et en danger de leur vie. mais se bon planete regarde ladicte estoille ilz seront saunes de peril grant. Leo est la maison du soleil et en aries est son exaltacion comme dit est.

¶ De lestoille fixe dicte Nebuleuse Et de lestoille couppe dor.

Virgo gouuerne tout ce qui est seme sur terre: et segnefie hõme de bon couraige philozophie, largesse, et toute maniere de sens et de lomme regarde le ventre et les entrailles: et des regions algeramira allen qui est une region pres iherusalem: eufraten et lisle despaigne. soubz sa longitude ou xv degre se lieue une estoille fixe dicte nebuleuse ou queue de lyon & en la latitude septẽtrionale dudit signe virgo. Soubz ledit signe se lieue une autre estoille fixe que nous nõmons couppe dor: et est ou viii degre dudit signe deuers la partie meridionale ¶ Laquelle estoille est de la nature de venus et de mercure. et segnefie ceulx qui sont nes soubz sa constellacion sauoir choses dignes et sacrees.

¶ De lespic estoille fixe

Soubz le signe libra qui domine les grans arbres et larges et segnefie iustice: et de lõme domine les rains et le dessoubz du ventre: et des regions le pays de romenye et de grece. Soubz son xvii degre se lieue une estoille fixe que bergiers appellẽt poic espic. ceulx qui sõt nes soubz sa cõstellacion ont moult belle figure: sont honnestes: et font choses de quoy les gens se merueillent et esioyssent. et segnefie richesses par marchandises hõnestes et precieuses et si sont volẽtiers aimes des dames et seigneurs et est libra soubz qui se lieue ceste estoille une des maisons de venus et taurus lautre celle en laquelle sesiouist plus et si est lexaltacion de saturne car le temps y commence a deuenir froit cest ou moys de septembre et saturne est planete seigneur de froidure qui se veult exausser quant entre en libra.

¶ De la couronne septentrionale estoille fixe. hi

Soubz lescorpion qui seignourie les arbres qui sont de lōgitude ⁊ larges et segnefie faussete/ et du corps de lomme gouuerne les choses dont on a honte. et des regions la terre heberget et le champ darabye. Le second degre se lieue vne estoille que bergiers appellent courōne septentrionale: la quelle quant est en lascendant au milieu du ciel elle dōne honneur et exaltacion a ceulx qui sont nes soubz sa constellacion especialement quāt elle est bien regardee du souleil. Lescorpion est vne des maisons a mars en la quelle sesiouyst le plus et aries est lautre. et si est le signe ou quel cōmence mars a decheoir de son exaltacion.

Du cueur descorpion estoille fixe

Soubz le sagitaire qui segnefie homme plain degin et saige et gouuerne les cuisses de lomme. et des regions ethyopie: et maharoben: et aenich. soubz son premier degre se lieue vne estoille fixe de la pmiere magnitude que bergiers appellent cueur descorpion: laquelle quant est bien regardee de iupiter ou de venus elle eslieue ceulx qui sōt nes soubz sa constellacion en grant honneur et richesse. mais quant elle est mal regardee de saturne ou de mars elle met ceulx qui sont nes soubz elle a pourete. Le sagitaire est maison de iupiter en laquelle sesioist plus et pisces est son autre maison et si est ledit sagitaire exaltacion de la queue du dragon.

De laigle volant estoille fixe

Capricorne segnefie hōme de bōne vie saige ireux ⁊ de moult de tristesse et gouuerne les genoux de lōe et des regiōs ethiope/ arabon/ behamen/ iusques aux deux mers et soubz son xx viii degre se lieue vne estoille que bergiers appellent aigle volant qui segnefie les roys ⁊ les empereux souueraine. ceulx qui sont nes soubz sa cōstellacion quāt elle est bien regardee du soleil et de iupiter montent en grant seignourie et sont amis aux roys et aux princes. capricornus et aquarius sont maison de saturne: mais en aquarius saturne sesioist plus ⁊ si est ledit capricorne exaltacion de mars.

Du poisson meridional estoille fixe

Soubz aquarius qui regarde les iambes de lōme iusques aux cheuilles des pies. et des regiōs hazenoth alēpha/ ⁊ la partie de la terre delphige et vne partie degipte. le xxi degre se lieue vne estoille que bergiers appellent poisson meridional. ceulx qui sōt nes soubz sa cōstellacion sōt eureux en pescherie dedēs la mer de midi. et soubz le ix degre dudit signe se lieue le delphin qui segnefie seignorie sur les choses marines sur estengz ⁊ riuieres. et cōme dit est aquarius est maison de saturne en laquelle sesiouist.

De pegasus qui segnefie cheual donneur estoille fixe.

pisces regarde de lōme les pies et segnefie hōe subtil et saige de diuerses couleurs et si a des regions tabrasen/ iurgen/ et toute la partie habitable qui est plus septentrionale et a part a romenie. et soubz son xvi degre se qui est plus septentrionale. et a part a romeine + soubz son xvi degre lieue vne estoille que bergiers appellent pegasus cest le cheual volant et le figurent en forme de beau cheual. Ceulx qui sont nez soubz la constellacion sont a honneur entre les grans capitaines et entre les grans seigneurs et quāt venus est auec luy ilz sōt aimez des grans dames mais q ladicte estoille soit ou milieu du ciel en la secondant et pisces vne des maisons de iupiter et sagitarius lautre en la quelle se resiouist plus + si sōt les poissons ou xxvii degre lexaltacion de venus.

Les cielx et pareillemēt la terre peuent estre diuises en quatre parties par deux cercles qui se croiseroient droictemēt sur les deux poles + croisēt quatre foys lequinoctial. Chascune de ces quatre parties diuisee en trois egalement feroient en tout xii parties egales tant ou ciel cōme en la terre que bergiers appellent maisons et sont xii maisons des quelles vi sōt tousiours sur terre et six dessoubz et ne mouent point les maisōs ainsois sont tousiours chascune en son lieu et les signes + planetes tout y passēt vne foys tousiours en xxiiii heures. Trois des maisons sōt de orient a minuit alant soubz terre la premiere la seconde la tierce. desquelles la premiere soubz terre cōmencant a orient est nōmee maisō de vie. La seconde ensuiuant maison de substance et richesses. La tierce qui finist a minuit est maison de freres. La quarte qui cōmence a minuit venāt en occident est nōmee maison de patrimoine. La cinquiesme ensuiuāt est maisō de filz. La sixiesme fenissant a occident soubz terre est dicte maisō de maladie. La septiesme cōmencāt en occidēt sur terre + tendāt contre midi est maison de mariage. La viii ensuiuant maison de mort. La ix finissāt a midi est dicte maisō de foy de religiō + peregrinatiō La x cōmencant a midi venāt cōtre oriēt est maison donneur + de reaulme. La xi apres est maisō de vrais amis. Et la xii qui finit en oriēt sur terre est dicte maisō de charite. mais ceste matiere est difficile pour bergiers congnoistre la nature et propriete de chascune de ces xii maisons si sen deportēt legerement et suffit ce que dit est auec la figure cy presente.

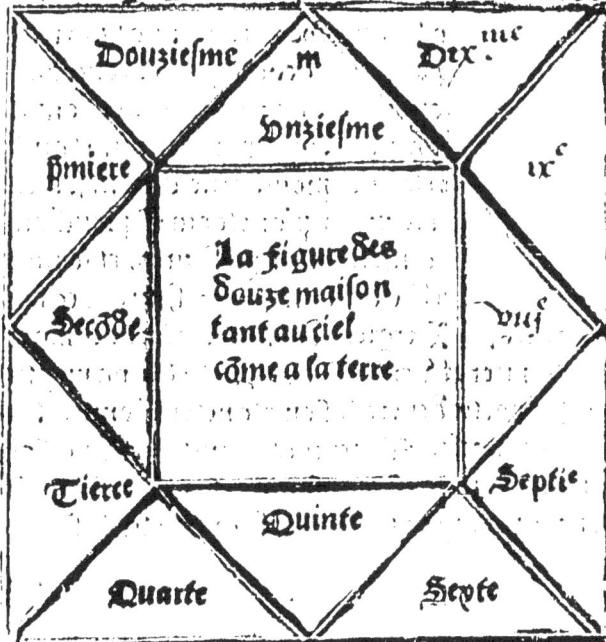

Douziesme
m
Dix me
Vnziesme
Premiere
ix e
La figure des douze maison tant au ciel cōme a la terre
Secōde
viii
Tierce
Septie
Quinte
Quarte
Sexte

Saturne Jupiter Mars Sol

Samedi Jeudi Mardy Dymenche

Qui veult savoir come bergiers scevent quel planete regne chascune heure du io^r et de la nuit et quel planete est bon ou quel est mauvais doit savoir la planete du io^r q̃ veult senquerir. et la premiere heure tēporelle du soleil levāt ce io^r est pour cellup planete. La seconde heure ē po^r le planete ensuivāt + la tierce pour laultre cōme sont cy figurez p leur ordre + cōmēt aller de sol a Venus/mercure/et luna puis revnir a saturne iusq̃s a xiij qui est pour leure devant souleil couchant + icōtinēt q̃ le soleil est couche commence la premiere heure de nuit q̃ ē pour le xiij planecte + la ij^e heure de nuit pour le xiiii. et ainsi iusq̃s a xij heures po^r la nuit qui est leure prouchaine devant souleil levāt + vient droictemēt choir sur le xviiii planete qui est prouchaine devant cellup du iour ensuivant. Et ainsi le iour a xii heures. et la nuit xii. Lesquelles sont heures ou temporelles differentes aux heures des horloges lesquelles sont artificielles. ¶ Bergiers dient que saturne et mars sont mauvais planetes. ¶ Jupiter et Venus bons. Sol et luna moytie bons et moytie mauvais. La partie devers le bon planete est bonne. et la parties vers le mauvais mauvaise. ¶ Mercure conioinct avec ung bon planete est bon et avec ung mauvais est mauvais. et entēdent ce quāt a ux influances bonnes ou mauvaises qui sont desdis planetes la bas.

Les heures des planetes diffe
rent a celles des horloges car
les heures des horloges tout
temps sõt egalles chascune de
lx minutes. Mais celles des
planetes quãt les iours et les
nuitz sont egaulx que le souleil
est en ung des equinocces elles
sõt egales mais aussi tost que
les iours croissẽt ou decroissẽt
aussi sont les heures naturel
les par ce quil conuient tout
tẽps le iour auoir. xii. heures
temporeles et la nuit xii aussi
Et quãt les iours sont plus
grans et les heures plus grã
des. et quant sont petis et les
heures plus petites. Pareille
ment de la nuit. et nõobstant
une heure de iour auec une de
nuit ensemble ont vi xx minutes autãt que deux heures artificielles car ce que
lune laisse lautre prent. Et prenons nostre iour des planetes du souleil leuant
non point deuant iusques a souleil couche: non point apres. et tout le remenant
est nuit. Exemple de ce qui est dit. En decembre les iours nont que viii heures
artificielles des horloges. et ilz en ont xii temporelles. soyent diuisees les viii
heures artificielles en xii parties egales ce seront xii foys xl minutes et chascũe
partie sera une heure temporelle. laquelle sera de xl minutes non plus: Ainsi en
decembre les heures temporelles de iour nont que xl minutes. mais celles de la
nuit en ont iiii xx. Car en celluy temps les nuitz ont xvi heures artificielles les
quelles diuisees en xii parties sont iiii xx minutes pour chascune: qui est une
heure temporelle. Ainsi les heures de nuit en decembre ont iiii xx minutes. Et
xl minutes dune heure de iour et iiii xx dune heure de nuit font vi xx minutes
que deux heures temporelles ont autant cõme deux artificielles qui sõt chascũe
de lx minutes. En iuing est par le cõtraire. en mars et en septẽbre toutes heures
sont egales comme les iours sont egaulx. et es autres moys par egale porcion.
¶ Auec chascun planete cy dessus sõt figures les signes qui sõt maison dicelluy
planete cõme a este deuant dit. Capricornus et aquarius sont maison de saturne
Sagitarius et pisces de iupiter. Scorpius et aries de mars. Leo du soleil. Tau
rus et libra de venus. Virgo et gemini de mercure. Cãcer de luna. auec daultres
significacions qui seroient longues a raconter. h iii

Mon filz ie te donne a entendre
Ce que ie say et puys cõprandre
Du ciel et estoilles que y sont
Ou ie pense bien au parfont
Je considere les signes tous
Partie sur terre autre dessoubz
Et ainsi des sept planetes
Tant belles cleres et nectes
Je pense la lune coucher
Et du soleil qui veult leuer
Je considere de orient
La partie, midy, et occident,
Septentrion, et le pomeau
Des cielx moult cler et moult beau
Pour toute creature humaine
Je veil monstrer voye certaine
A toy congnoistre et bien rigler
Comme tu te dois gouuerner
Et pourras cy veoir comment
Tous bergiers sceuent seurement
Les natures des planetes
Que dieu a ordonnees et faictes
En les suiuāt dedēs leurs signes
Tu trouueras belles doctrines
Qui te donront aduisement
De ton fait et gouuernement
Car ie te dis et si tenseigne
Que chascun porte son enseigne
Lune est triste Lautre ioyeuse
Lune fiere Lautre amoureuse
Lune chaulde Lautre tresfroide
Lune est doulce et Lautre roide
Lune venteuse Lautre fresche
Lune moyte Lautre seiche
Lune arrogante Lautre bonne
Ainsi que dieu si leur ordonne
Conclusion plaise non plaise
Lune bonne Lautre mauluaise
Saturne froit qui tient lempire
Des sept planetes est le pire
Et mars chault qui bien lapercoit
Ne vault nēs mieulx chose qui soit
Jupiter bon aussi est venus
Ces deux sont les meilleurs tenus
Mercure ploye a deux endroits
Bon ou mauluais cõme par droit
Se treuue ioinct a quelcun autre
Qui le fait tel que luy non autre
Soleil et Lune ont les renoms
De moytie mauuais moytie bons
Ainsi sauras sans faire doubte
Leur mauuaistie ou bonte toute
Par la figure qui sensuyt
Congnoistras de iour et de nuyt
En chascune heure quel planete
Regne: si bien sauoir te haite
Et cõme leurs heures sont toutes
Aucun tēps longues: autre courtes
Je te monstreray par figure
De chascun quel est sa nature
Par quoy sauras pour verite
Sa vertu et propriete

¶ Sensuit de Saturne

Saturnus significat hominē iter nigrum et atrocem ambulan do mergētem oculos in terram qui ponde rosus est incessu. ad iungens pedes et ma cet recurius. habens paruos oculos. siccā cutā. barbam raram labia spissa: callidus ingeniosus / seductor interfector hominēqȝ corpore pilosū iunctis superciliis.

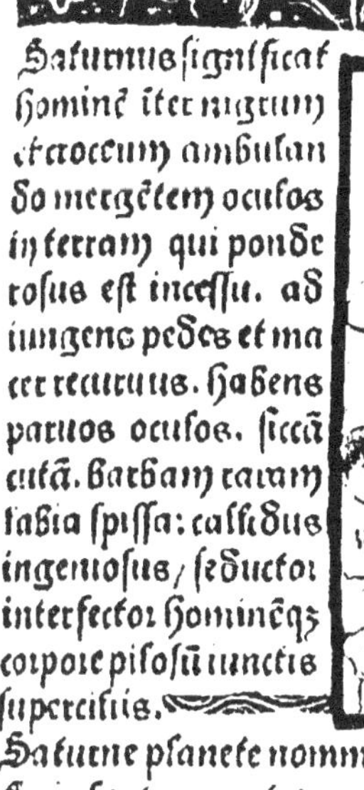

Saturne planete nomme
Suis surtous autres renomme
En mon hault ciel plus noblement
De tous: et naturelement
Donnant eaue et grant froidure
Sec et froit suis de ma nature
En secreuice veil venir
Pour mieulx a mes fins parvenir
Et si ne puis enuironner
Les douze signes ne passer
Vne foys seule tout conclus
Que ny mecte xxx ans ou plus.

¶ De sa propriete

Saturne par sa faulse enuie
A toutes choses qui ont vie
Est ennemy de sa nature
Qui soubz luy est ne par droicture.
Il est plain de mauluais malice
A vil et ort mestier propice
Est propre pour cuyrs conroyer
Et en toutes guises ouurer
De pain et de chair grant mangeur
En sa bouche puant odeur
Pesant pensif malicieux
Triste dolent et conuoiteux

De science mal est apris
De robe rou batre repris
Cheueux a noirs et bien agus
Et si nest point trop fort barbus
Petis yeulx: cault et seducteur
Visaige maigre: grant menteur
Pour secret assez conuenable
Et donner conseil prouffitable
Saura parler choses antiques
Hystoires batailles croniques
Grosses espaules bas deuant
Mal langaige mal aduenant
Grosses leffres noire couleur
Est celle que luy est meilleur
Se fortune ne luy fait guerre
Grant amasseur sera de terre
Et sera grosse nourriture
Basse sera sa regardure
Naymera guere voulentiers
Ne les sermons ne le monstiers
Pays cheminera loingtains
Bon sera garder de ses mains
Lōme regarde sur deux parties
Sur sa ratelle et les oyes.

Jupiter significat homi
nem albū habentē rubo
rem in facie, habentem
oclōs nō prorsus nigros
nares non equales & bre
ues, casuū, in aliquo dē
tium habentem nigredi
nem, pulchre stature, bo
ni animi, bonis moribꝰ,
pulchri corporis, homi-
nem qz habentem mag
nos oclōs, pupillam la
tam. Barbam crispam.

Jupiter seconde planete
De sa nature est clere et nette
Moult chault de moite vertueuse
Et de deux signes amoureuse
Du poisson et du sagitaire
Nul meschief on ne luy doit faire
Nauraine perte ne dommaige
En seureuice se soulaige
Et se maintient ioyeusement
Si fait bon deuoir seurement
Dedenz douze ans denuironner
Les douze signes et passer

¶ De sa propriete.

Qui soubz iupiter sera ne
Begnin et gracieux trouue
Sera: riche de grant substance
Saige discret plain de science
Il aymera paix et concorde
Bon iugement misericorde
Joyeuse vie vray verite
Religion et equite
Toutes choses ingenieuses
Congnoistra pierres precieuses
Habondera fort en nature
Et de tous ars il aura cure

Sil auoit aucune congnoissance
Vouldra de lart de nigromance
De mesurer large et long
Le hault et aussi le parfond
Du visaige blanche couleur
Bien peu couuerte de rougeur
Aucuns dens noirs et nes camus
Chauue sera et fort barbus
Yeulx grans et larges sourcilles
Cheueux crespes grosses narilles
Choses qui sont delicieuses
Odorantes et sauoureuses
Aymera bien, et beau langaige
Net corps aura et franc couraige
Le drapt aymera vert ou gris
De nulluy ne sera repris
Pour mal mais a tous plaisant
Daultruy ne sera mesdisant
De nobles faiz entremectable
Chantant riant et veritable
En marchandise droicturier
Dor et dargent grant tresorier
Stomach foye oraille senestre
Bras ventre de lōme gouuerne

Mars significat homi
nem rubeum habētem
capillos ruffos et faciē
rotūdam leuiter homi
nes de honestantem ha
bentem oculos croceos
horribilis aspectus au:
dacem habentem in pe
de signum vel maculā
hominēqz ferocem ha:
bentem accutū aspectū
Superbiam leuitatem
mobilitatē et audaciā.

ars ie suis planete troisime
ui bien ay tout autre regime
ault et sec la barbe rousse
lentiers et tost me courrouce
n de mes signes est le mouton
t lautre si est lescorpion
uāt en eulx ie me peu retraire
uerres et batailles faiz faire
n lecreuice veil monter
ur les signes enuironner
ous les douze par m a vigour
sse en deux ans cest mō droit cour

De sa propriete

uiconque sera ne soubz mars
lusieurs maulx faire est espars
est rouge malicieux
s yeulx petis et noirs cheueux
a tout adonne faire guerre
n vng grāt chemineur par terre
iseur despees et de couteaulx
teur de fer ou de metaulx
on despite plain diniures
spandeur de sang par batures
esmesure fort en luxure

Grosses bestes nourrira cure
Rousse barbe et rond le visaige
Hydeux regart et dur couraige
Barbier faisieur bon pour sancer
Playes et sauoir dens arracher
Soubz mars sont nes qui larrecins
Font: et qui espient les chemins
Et ceulx q̄ font mouoir sās failles
Noises, debatz, guerres batailles
Diligent est: bien peu sommeille
En toutes choses ou il trauaille
Dauec tout homme se discorde
Car en luy na misericorde.
Sa force a plusieurs maulx lencline
Et en ses piez a quelque signe
Jureur de dieu et de ses sains
Fort dangereuses sont ses mains
Des biēs dautruy veult estre riche
Et de ce quil a est fier et chiche
Sur les couleurs ayme le rouge
Ou celle que plus pres la touche
Du corps de lomme vous affiez
Quil garde les rains et le fiel

Sol significat hominē eum qui habet colorem inter croceũ et nigrum idest fuscum tectum cũ rubore breuis stature crispũ caluũ pulchũ corporis capillos parum rubeos. oculos aliquã tusum croceos ꝛ mixtã habet naturã cũ planeta qui cum eo fuerit dũ modo digniorē habeat locum eius insequitur naturam.

Je suis planete non pareil
Des autres nomme le soleil
Et si suis iustement moyens
De mes freres tresanciens
Chault et sec suis de ma nature
Du lyon te ayme la figure
Et en sa maison me retraire
Saturne fort si mest contraire
Par sa froideur et sans cesser
Ma grant chaleur quiert abaisser
Les signes passe sans seiours
En trois cens soixãte cinq iours

¶ De sa propriete

Qui soubz le souleil sera ne
Beau de face sera trouue
Blanche aura couleur et tendre
Et si vouldra en soy contendre
Monstrer estre de belle vie
Secret vsant dypocrisie
Ville bonne par bonne guise
Bon pourra estre hōme deglise
Saige net et de bonne foy
Gouuerneur dautre que de soy
Aymera le dedupt de la chasse
Chiens oyseaulx pour sa largesse
Auoir vouldra honneur science
Chantera de voix a plaisance
Hault couraige bien diligent
Pour seignorer sur autre gent
Juge sera entre les saiges
Eloquēt plain de doulx lãgaiges
Baillif preuost ou chastellain
Point ne sera son cueur villain
Car son vouloir sera grãment
Auoir dautruy gouuernement
Subtil sera en fait de guerre
A luy viendront bon conseil querre
Par femmes aura benefice
Ou en court de seigneur office
En court de seigneur aura chance
Pour son conseil et sa prudence
Bon seing portera au visaige
Et sera petit de couraige
Crespe cheueux la teste chauue
Et les yeulx tyrans sur le iaune
Des membres regarde le cueur
Qui du corps tient droit le milieu

venus significat homi
nem album trahentem
ad nigredinem pulchri
corporis et capillorum
faciem rotundam par-
uam habentē maxillā
pulcros oculos et eorū
nigredo plusquā opor-
tet signat qz hominem
pulchram faciem habē
tem et multos capillos
ad album confectum cu
bore crassum ostenden
tem beniuolentiam

Venus planete suis nommee
Des amoureux fort bien ayme
Moite et froit ie suis par nature
Deux signes sont toute ma cure
En eulx ie suis a ma plaisance
Cest le thoreau et la balance
Venerie faiz ioyeuse vie
Aux amoureux: car seignourie
Ay sur eulx: que mars me osteroit
Voulentiers se pouoir auoit
En douze mois sans riens laisser
Par douze signes veil passer

De sa propriete

Qui sera ne dessoubz venus
Amoureux gay sera tenus
Plaisant et beau a laduenant
Jeulx noirs peu brun / bouche riant
De trompetes clerons haultbois
Querra iouer: car vne voix
Aura bonne pour bien chanter
Pour ce vouldra danser saulter
Jouer aux eschatz et aux tables
Et estre longuement a tables
Parler / manger / boire bon vin
Tant que soit prime soir et matin
Aymera dames et tous beaulx
Vestemens et riches ioyaulx
Poinctures pierres precieuses
Fleurs et odeurs delicieuses
Veritable et de bonne foy
Autruy aymera comme soy
Large pour festier amis
Peu gens seront ses ennemis
Dispose sera par facon
Pour chanter bien toute chancon
Tant est propre et bien duisant
Car tout ce quil fait est plaisant
Brun de face mais bien forme
De corps est: et de membres orne
Visaige rond courtes maxilles
Barbe noyre et les sourcilles
Grosse perruque tresfort noire
Quant il iure on le doit croire
Les rains aussi tout ce qui est entre
Les cuisses: auec le petit ventre
Cest vng quartier secret tenus
Sont soubz la garde de venus.

Mercurius signifi cat hominē non mul tū albū neqꝫ nigrū habentem colorem frōtem eleuatum et longam in facie lon gitudinem ꝛ nasum longum. barbam in maxillis Et oculos pulchros. non ex to to nigros. longuos quoqꝫ digitos. signi ficat qꝫ perfectū ma gisterium

Mercure planete notable
Suis pour fort venter agreable
Sec et plain suis de grant chaleur
En deux signes est ma haulteur
Lun est appelle gemini
Lautre vierge de grant soci
Mon deduit par condicion
Viens en la vierge et ou poisson
Point ne quiers auoir de repos
De bien labourer iay propos
Iay les signes passez tousiours
En trois cens et xxx viii iours

De sa propriete

Qui soubz mercure sera ne
De subtil engin est trouue
Deuot de bonne conscience
Et plain sera de grant science
Amis acquerra par labeurs
Hantera gens de bonnes meurs
De marchandise et descripture
Aura soucy souuent et cure
De femmes sera fort arie
Ne luy chauldra estre marie
Vouldra voletiers aimer dames
Maisque de luy ne soient dames
Bon religieux sans faintise
Sera sil est homme deglise
Aussi marchant par mer par terre
Naymera point aler en guerre
Dargent et grosse cheuance
Amassera par sa prudence
Ou pourra estre bon ouurier
Daucun mecanique mestier
Grant prescheur rhetoricien
Philozophe geometrien
Bien aymera des escriptures
Nombres et metrificatures
Lart de musique et mesurer
Draps toilles saura composer
Procureur daucun grant seigneur
Ou de leurs deniers recepueur
Hault front aura et longue face
Noirs peulx barbe nō point espesse
En iustice grant plaidoieur
Des autrux dis contredisseur
Les cuisses et hennes regarde
Cest la partie du corps quil garde

Luna significat hominem album confectum rubore mictis superciliis beniuolum habentem oculos non ex toto nigros faciē rotūdam pulchram staturam et in facie eius signū In inicio quando crescit significat omne quod faciendū est et in plenitudine quod destruēdū quia decrescit.

Luna suis planete derreniere
Donnant sobtement ma lumiere
Froide et moite de ma nature
Suis la plus belle pour conclure
En leccreuice est ma maison
De moy sont deux roues enuiron
Quant ie regarde bien mes meurs
Faire ne puis mauluais labeurs
Car en lescorpion descent
Qui en moy grāt doulceur cōprent
Les douze signes sans seiour
Enuironne en xxviii iours

De sa propriete
Qui soubz luna peult estre ne
Bon pour seruir sera trouue
Il aura sa figure belle
Ronde la nen trouuerez telle
Fort sera doulx et pacient
Et si viura honnestement
Blanc bien forme de corps assez
Les deux sourcilles amassez
Vestu sera honnestement
Et si viura moult chastement
Le plus sera presque tousiours
Vestu de diuerses couleurs
Le front luy luyra voulentier
Sa couleur blanche peu rougie
Sur les eaues mer et riuiere
Soy bien gouuerner la maniere
Sera aussi de prendre poissons
Engins faire et la fassons
En ses ditz sera veritable
Et aura beau maintien a table
Fort et legier pour cheminer
Et sauoir viandes aprester
Bon poursuiuant bon messagier
Or et et argent vouldra forgier
Cōpaignie querra pour mangier
Pour disner et pour couchier
Hayne garder par faintise
Pourra soubz couleur de seruise
Par parler contentera gent
Autant cōme autre par argent
Femmes honnestes aymera
Autres non: et si nourrira
Les siens enfans de bon couraige
Sera plain et de beau corsaige
Le polmon et lecerueau fort
De bien garder est son effort

Une question et response que bergiers font touchāt la matiere des estoilles.

Lun bergier a laultre dit. Je demande quantes estoilles sont soubz une des xii parties du zodia que cest soubz ung signe seulement. ¶ Respond laultre bergier. Soit trouvee une piece de terre en plat pays comme est la beausse ou chāpaigne et que celle piece de terre aye xxx lieues de long et xii de large. Apres quon aye des clos la teste grosse comme de clos a ferrer roues de charretes tant que souffisent. Et soient iceulx clos fiches iusques a la teste en celle piece de terre a quatre doys lun pres de laultre si que toute la piece soit plaine. ¶ Je dis que autant comme sont de clos fiches en celle piece de terre autāt sont destoilles soubz le contenu dun signe seulement. et autant soubz chascun des autres. et a lequipollent par les autres endroits du firmament. Demande le premier bergier: et comme le prouuerois tu: Respond le second que nul nest oblige ne tenu a prouuer choses impossibles et que doit souffire a bergiers touchāt ceste matiere croire simplemēt sās soy enquerir trop ce que les predecesseurs bergiers en ont dit.

¶ Cy dessoubz est note lan que ce present cōpost et kalendrier a este fait et corrige.

Lan mil quatre cens quatre vingz et treze est lan que ce presēt kalendrier a este fait en impression et corrige. du quel an le premier iour de ianvier le soleil estoit ou signe de capricornus xx degres xxxix minutes. La lune en cancer v degres xliii minutes. Saturne en aquarius x viii degres xlvii minutes. Jupiter ou lyon viii degres xlii minutes. Mars en libra vi degres xliii minutes. Venus au sagitaire iii degres xxvii minutes. Mercure en capricornus x degres . v minutes. La teste du dragon ou lyon v minutes seulement.

¶ Cy est la fin de lastrologie des bergiers la congnoissance quilz ont des estoilles planetes et mouuemens des cieulx.
¶ Et apres ensuit leur phizonomie.

Phizonomie de laquelle a este devant parle est une science que bergiers scevent pour cognoistre linclinacion naturelle bonne ou mauluaise des hommes et femmes par aucuns signes en eulx a les regarder seulement. Laquelle inclinacion quant est bonne on peult et doit on ensuivir. mais quãt est maulvaise par vertus et force dentendement on la doit eschever et soupr: quant aux effectz. et a ceste fin bergiers usent de ceste sciẽce non autrement. ¶ Homme saige prudent et vertueux peult estre tout autre quant aux meurs que les signes de luy ne demonstrent. Ainsi la chose demonstree quãt est a vice nest point en hõme saige cõbien que le signe y soit. Cõme lenseigne du vin peult estre devãt la maison en laquelle aucunefoys na point de vin. Car nonobstant que homme par saigesse de son entendement nensuive les influances maulvaises des corps celestieux qui sont sur luy pour tant ne corrõpt pas les signes et demonstraciõs desdictes influãces mais iceulx signes naturelx ont seignorie et dominacion en ceulx esqlx ilz sont pour avoir naturelement ce quilz segnefient et demonstrent pose quon laye ou quon ne laye mye. ¶ Pourquoy bergiers dient que la plus part des hommes et fẽmes ensuivent leurs inclinacions natureles a vices ou a vertus: par ce que la plus part ne sont pas saiges ne prudens cõme devroient estre et se ne usent de la vertu de leur entendement. mais ensuivent la sensualite et par ainsi linfluence celesticlle laquelle est demonstree par signe exterioxe et de telx signes est la presente science de phizonomie. ¶ Pour laquelle convient premierement scavoir que le temps est divise par quatre parties cõme devant a este dit. Cestassavoir en Printemps, Este, Antom, et yver. qui sont compares aux quatre elemens. ¶ Printemps a lelement de lair. Este au feu. Antom a la terre. Et yver a leaue. ¶ Desquelx quatre elemens tout hõme et fẽme sõt formes et faitz et sans lesquelx nul ne peult vivre. ¶ Le feu est chault et sec. ¶ Lair est chault et moite. Leaue est moite et froide. ¶ La terre est froide et seiche. ¶ Si dient entre eulx bergiers que la persõne sur qui le feu a seignorie est de cõplexion colerique cest a dire chault et sec. ¶ Celluy sur qui lair a seignorie est de complexion sanguin cest a dire chault et moite. ¶ Celluy sur qui leaue a seignorie est complexion flecmatique cest a dire moite et froit. ¶ Et celluy sur qui la terre a seignorie est de cõplexion melẽcolique cest a dire sec et froit. Lesquelles complexions congnoissent et discernent lune des autres par les signes qui cy apres sont ditz.

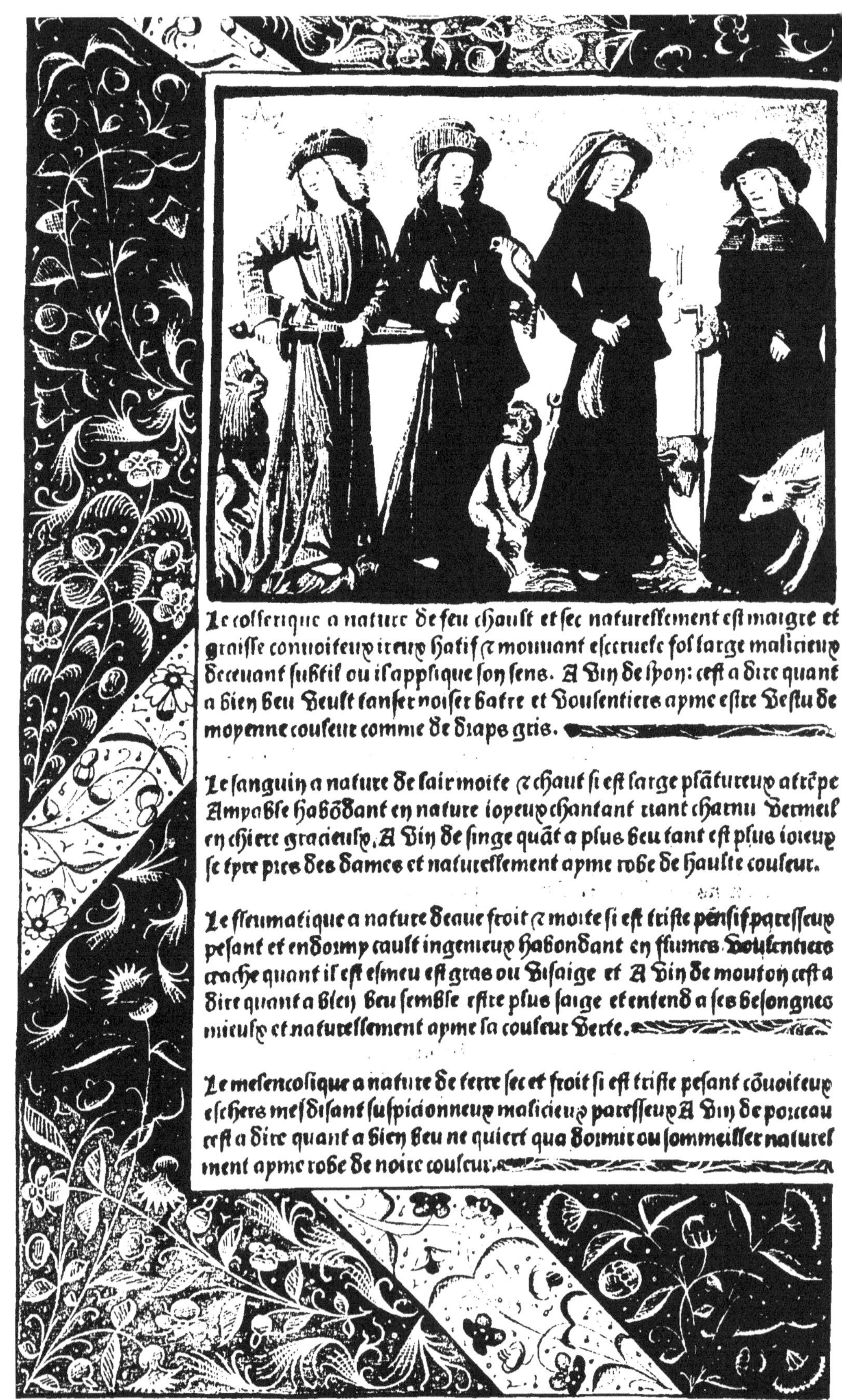

Le colerique a nature de feu chault et sec naturellement est maigre et graisle convoiteux ireux hatif & mouvant escervele fol large malicieux decevant subtil ou il applique son sens. A vin de lyon: cest a dire quant a bien beu veult tanser noiser batre et voulentiers ayme estre vestu de moyenne couleur comme de draps gris.

Le sanguin a nature de lair moite & chaut si est large plātureux atrēpe amyable habōdant en nature ioyeux chantant riant charnu vermeil en chiere gracieux. A vin de singe quāt a plus beu tant est plus ioieux se tyre pres des dames et naturellement ayme robe de haulte couleur.

Le flemmatique a nature deaue froit & moite si est triste pensif paresseux pesant et endormy tault ingenieux habondant en flumes voulentiers crache quant il est esmeu est gras ou visaige et A vin de mouton cest a dire quant a bien beu semble estre plus saige et entend a ses besongnes mieulx et naturellement ayme la couleur verte.

Le melencolique a nature de terre sec et froit si est triste pesant cōuoiteux eschers mesdisant suspicionneux malicieux paresseux A vin de porceau cest a dire quant a bien beu ne quiert qua dormir ou sommeiller naturellement ayme robe de noire couleur.

¶ Pour venir au propos et parler des signes visibles cōmencerōs a ceulx du chief. ¶ Mais auant nous aduertissons que songneusement on se garde de toutes personnes qui ont de faulte de membre naturel en eulx comme de pie de main doel ou dautre membre quel quil soit de boiteux et especialement de homme esbarbe cest qui na point de barbe car telx sont enclins a plusieurs vices et mauuaistiez et sen doit on gar der cōme de son ennemy mortel. ¶ Apres ce bergiers dient que les che ueux plains et souefz segnefient persōne piteuse et debōnaire. Ceulx qui ont cheueux roux sont voulentiers ireux et ont faulte de sens et si sont de petite loyaulte. Personne qui a les cheueux noirs bon visaige et bōne couleur segnefient droicte amour de iustice. ¶ Les fors cheueux segnefient que la personne ayme paix et concorde et si est de bon engin et subtil. Personne qui a les cheueux noirs et la barbe rousse segnefie estre luxurieux mesdisant desloyal et venteur. Les cheueux crespes et blons segnefient homme yrant ioyeux luxurieux et decepuant. ¶ Les cheueux noirs et crespes segnefient homme melencolieux luxurieux mal pensant et fort large. Les cheueux pendans segnefient sens auec malice. Grāt plante de cheueux en femme segnefie robuste et auarice. Personne qui a les yeulx fort grans est bien paresceux, poy honteux / inobediant et cuide plus scauoir quil ne scet. ¶ Mais quant les yeux sont moyens ne trop grans ne trop petis ⁊ quilz ne sont fors noirs ne fort vers telle personne est de grant engin courtoyse et loyalle. Person ne qui a les yeux estaillies gastes et estanduz segnefie malice vengēce ou trahyson. ¶ Les yeux qui sont grans et ont grans paupieres et lon gues segnefient folye du engin et mauluaise nature. ¶ Loeul qui se meust tost et la veue est ague: telle personne est plaine de fraude: de larcin et si est de petite loyaulte. Les yeux qui sōt noirs et goutellectes par my clers et luysans sont les meilleurs et les plus certains et segne fient sens et discrecion et telle personne est a aymer: car elle est plaine de loyaulte et de bonnes condicions. ¶ Les yeulx qui sont ardans et estincellans segnefient gros cueur / force / et puissance. ¶ Les yeulx blan chars ou charnus segnefiēt persōne encline a vices a luxure et plaine de fraude. ¶ Bergiers dient que quant vne personne les regarde sou uent cōme esbay et ainsi cōe honteux et paoureux et en regardāt sēble quil souspire ⁊ si a goutteslectes apparās en les yeux lors sōt certains que telle persōne les aime et desire le bien de celluy quil regarde et hon neur aussi. Mais quāt aucū regarde en gectāt les yeux par a coste al si que par mignotise telle persōne est decevāt ⁊ porchasse a vergōder.

et sont telz gens pour deshonnorer femmes. si sen doiuent garder. car tel regart est faulx luxurieux et deceuant. Ceulx qui ont yeulx petis rousse les et agus segnefient personne melencolieuse hardie mesdisant et cruelle Et se une petite vaine deliee appart entre leul et le nez de feme dict qlle segnefie virginite. et en hõme subtilite dentendement. et si elle est grosse et noire segnefie corrupcion chaleur et melencolie en femme. et en homme rudesse et deffaulte de sens. mais icelle vaine napart pas tousiours. Les yeulx qui sont iaunes et nõt nulles paupieres segnefiẽt mesellerie ⁊ mau uaise disposicion de corps. Itẽ grãs paupieres et lõgues segnefiẽt rudesse dur engin et luxure. Les sourcis qui sont grans et ioingnẽt ensemble par dessus le nes segnefiẽt malice cruaulte luxure et enuie. Et quãt les sour cis sõt delies ⁊ longz segnefiẽt subtilite dengin sens et loyaute. Les yeux enfonces et grans sourcis par dessus segnefient personne mesdisant mal pensant qui boit trop et voulẽtiers applique son engin a malice ¶ Desuit de la face. Le visaige qui est petit et court et qui a gresle col et le nes gresle long et delie segnefie persõne de grant cueur hatiue et ireuse. Item le nes long et hault par nature segnefie prouesse et hardement. ¶ Le nes camus segnefie hastiuete luxure hardement et estre entreprenneur. Le nes becque q̃ descend iusques a la leure de dessus segnefie malice decepuãce desloyaute et luxure. Le nes gros et hault ou milieu segnefie hõme saige et emparle. Le nes qui a grans narines et ouuertes segnefie gloutonnie et ire. Item visaige qui est court et roux segnefie personne plaine de riote et de debat et peu loyale. visaige ne trop long ne trop court et qui na mie grãt gresse: et a bonne couleur segnefie personne veritable amyable saige et de bon engin seruiable debonnaire et bien ordonnee en toutes ses choses. visaige gras et plain de chair rude segnefie gloutonnie pou songneux negligent rudesse de sens et dengin. visaige gresle et longuet segnefie personne aui see par mesure en toutes ses euures ¶ visaige qui est petit et court et qui a iaune couleur segnefie personne decepuante pou loyale maliaeuse plaine de vergongne. visaige long et beau segnefie personne aulsant peu loyale despiteuse et plaine de ire ⁊ de cruaulte. Et ceulx qui ont la bouche gran de et fendue sont signes de ire et hardement. petite bouche segnefie melã colie/pesante/dur engin et mal pensant ¶ Celluy qui a grosses leures cest signe de grant rudesse et deffaulte de sens. Les leures tenures segnefient lescheries et mensonges. ¶ Apres dient bergiers des dens et du parler. Les dens serrees et menues segnefient personne qui ayme loyaulment lu xurieuse et de bonne complexion. Les dens longues et grant segnefient hastiuete et ire. ¶ Personne qui a grandes oreilles segnefie follye mais il est de bonne memoire. Les petites oreilles segnefient luxure et larrecin.

personne qui a bõne voix et bien sonnant est hardie saige et bien parlant
La voix moyẽne qui nest ne trop deliee ne trop grosse segnefie sẽs ⁊ pour
ueance verite et droicture. Personne qui parle hastiuemẽt. et qui a gresle
voix est personne de vanite ¶ Grosse voix en femme est mauluais signe.
Doulce voix segnefie personne plaine denuie de suspection de mensonge
voix trop deliee segnefie gros cueur et folye ¶ Grosse voix segnefie hasti
uete et ire. Personne qui se remue quãt elle parle et mue voix est ennuieuse
nice yurongne et mauluaisement conditiõnee. Personne qui parle atrem
pement sans soy mouuoir est de parfait entẽdement et de bõne condicion
et de loyal conseil ¶ Personne qui a le visaige roux les yeulx chassieux et
les denz iaunes est personne peu loyal traistre et a puante alaine. Person
ne qui a long col et gresle est cruelle sans pitie hastiue et escerueliee. Persõ
ne qui a court col est plain de fraude de barat et de deceuance de malice et
ne se doit on fier a telle personne. Personne qui a long col et gros segnefie
gloutõnie force et grant luxure ¶ Femme qui est hommassee et est de grãs
mẽbres et rudes est par nature melẽcolieuse variãte et luxurieuse Persõe
qui a gros ventre et long segnefie poy de sens orgueil et luxure. Persõne
qui a petit vẽtre et larges pies segnefie bon entẽdemẽt bon cõseil ⁊ loyal
Persõne qui a les pies larges et haultes espaules et courbes segnefie pro
esse hardemẽt hastiuete loyaulte et sens ¶ Les espaules agues et longues
segnefient tricherie desloyaulte barat et personne desnaturee. Quant le
bras est si long quil se peult estendre iusques a la ioincture du genoul il se
gnefie proesse largesse loyaulte honneur bon sens et entẽdement. Quant
le bras est court cest signe dignorance de mauluaise nature et personne qui
ayme debat ¶ Longues mains et longz doys et gresles segnefiẽt subtilite
et personne qui a desir de sauoir plusieurs choses. Petites mains et cours
doys et gros segnefient folye et legierete de couraige ¶ Grosses mains et
larges et gros doys segnefient force hastiuete hardemẽt et sens. Ongles
clers et luysans et de bõne couleur segnefient sens et accroissemẽt donneur
Les ongles haultz et lõgz segnefiẽt persõne dauoir assez paine et trauail
Les ongles cours et regrongnes segnefiẽt persõne auaricieuse luxurieuse
orgueilleuse ⁊ de cueur gros plaine de sẽs ⁊ de malice. Le pie gros ⁊ plain
de chair segnefie persõne oultrageuse vigoreuse et de petit sens. Petit pie
et legier segnefie durte dentẽdement et poy de loyaulte. Les pies platz et
cours segnefiẽt personne angoisseuse peu saige et mal courtoise. Personne
qui va a grant pas est grosse de cueur et despiteuse ¶ Personne qui va a
grant pas et lentement segnefie bien prosperer en toutes choses. Persõne
qui va a petis pas et tost. est suspectionneuse plaine denuie et mauluaise
voulente ¶ Personne qui a petit pie et plat et les gecte cõme vng enfant

segnefie hardement et sens. mais celle personne a moult de diverses pensees ¶ Personne qui a molle chair ne trop froide ne trop chaulde segnefie personne bien disposee de bon entédement et de subtil engin plain de loyaulte et accroissement de biens & honneur. Personne qui rit voléntiers et a ses yeulx vers est debônaire est de bon engin loyal saige et luxurieux. Persône qui rit enuis est paresseuse melécolieuse suspectionneuse malicieuse et subtile. ¶ Bergiers dient car pource quil y a de divers signes en homme et en femme et qui sont aucunes foys contraires lung a lautre lon doit iuger plus communemét selon les signes du visaige ¶ Et premierement des yeulx car ce sôt les plus vrays et les plus prouuables ¶ Et dient aussi que dieu ne forma oncques creature pour habiter en ce monde plus saige que lomme car il nest cōdicion ne maniere en nulle beste qui ne soit trouuee en hôme Naturelement Lomme est hardy comme le lyon. Et preux comme le boeuf. Large comme le coq. Auaricieux comme le chien. Dur et aspre comme le cerf. Debonnaire comme la tourterelle. Malicieux côme le liepart. Priue comme le coulon ¶ Doulouteux et barteux comme le renart. Simple et debonnaire comme laignel. Leger et ignel comme le cheual. Lent et piteux côme lours. Cher et precieux côme lolifant. Vil paresceux comme lasne. Rebelle inobedient comme le rossigneul. Humble comme le pigeon. Fel et sot côme lotrusse. Prouffitable côme le formis. Dissolu et vague côe la chieure. Despiteux et orgueilleux comme le faisât. Soef et doulx comme le poisson. Luxurieux comme le pourceau. Fort et puissant comme le chamel. Auise comme la souris Raisônable comme les anges. Et pour ce est il appelle le petit môde car il participe de tout ou est appelle toute creature. car comme dit est il participe et a condicion de toutes creatures.

¶ Qui du tout son cueur met en dieu Il a son cueur et si a dieu
Et qui le met en autre lieu Il pert son cueur et si pert dieu.
Hûble maintien ioieux et asseure Lâgaige meur amoreux veritable
Habit moyen hônneste assoisône Froit en son fait constât & raisônable
Hanter les bôs saiges vaillâs et preux Refection sobre a heure licite table
Font lomme saige et a tous gracieux.
¶ Plante parler peu dire voir Plante cuider et peu sauoir
Plante despendre et peu auoir Sont trois signes de rien valoir.

Six choses sont quau monde nont mestier Prestre hardy ne couart cheuallier Myre piteux ne rongneux boulengier Iuge conuoiteux ne puant barbier.

## ¶ Bergiers practiquent leur cadrant de nuit cy apres figure en la maniere comme on me voit faire:

¶ Par la figure cy apres on peult cōgnoistre les heures par nuit en la maniere qui sensuit. Soit cōgneue lestoille que nous appellons le pomeau des ciels et droit soubz elle est le soleil a heure de minuit. et lendroit de lestoille sur la terre nous appellōs angle de la terre lequel quāt voulons veoir a leul regardons nostre pomeau cōme ie faiz soubz vne corde. lors le bout bas de ma corde est langle de la terre et le soleil est droit dessoubz. Les grandes signes qui trauersent lestoille de la figure qui est le pomeau des ciels seruent pour deux heures. et les petites pour vne heure chascune. quāt on veult sauoir des heures. Mais encores seruent lesdictes signes a autre chose cest au chāgement de lestoille qui signe la minuit et consequemment les autres heures Car les grandes signes seruent a vng moys et les petites a quize iours Soit tendue la corde quon la voye droit sur le pomeau et quil soit heure de minuit et pres dicelluy pomeau notee aucune estoille soubz la corde que on puisse bien tousiours congnoistre car sera celle que tout temps nous enseignera les heures par nuit. ¶ Apres ymagine vng cercle entour le pomeau a la distance de lestoille notee ouquel cercle soient ymaginees les signes ou semblables distances comme sont en la figure Autant de distances comme lestoille notee sera deuant la corde autant serōt de heures deuant minuit. et autant comme sera apres la corde autant de heures apres minuit. ¶ Si conuient sauoir que lestoille notee chāgera son lieu en xv iours de la distance dune heure et en vng moys de la distāce de deux heures. pour quoy conuient prandre minuit en xv iours plus auant de la distance dune heure. et en vng moys de deux heures en deux moys de quatre. en trois moys de six tellement que en six moys lestoille notee qui estoit droit soubz le pomeau est droit dessus. ¶ Et en autres six moys reuient ou point ou fut premierement notee. ¶ Si ne doit on point changer ceste estoille notee pour aucune autre mais la doit on choisir entre plusieurs pour la plus congnoissable et facile a trouuer.

par ceste figure bergiers congnoissent de nuit aux champs en
tout temps quelle heure il estoit devant minuit ou apres

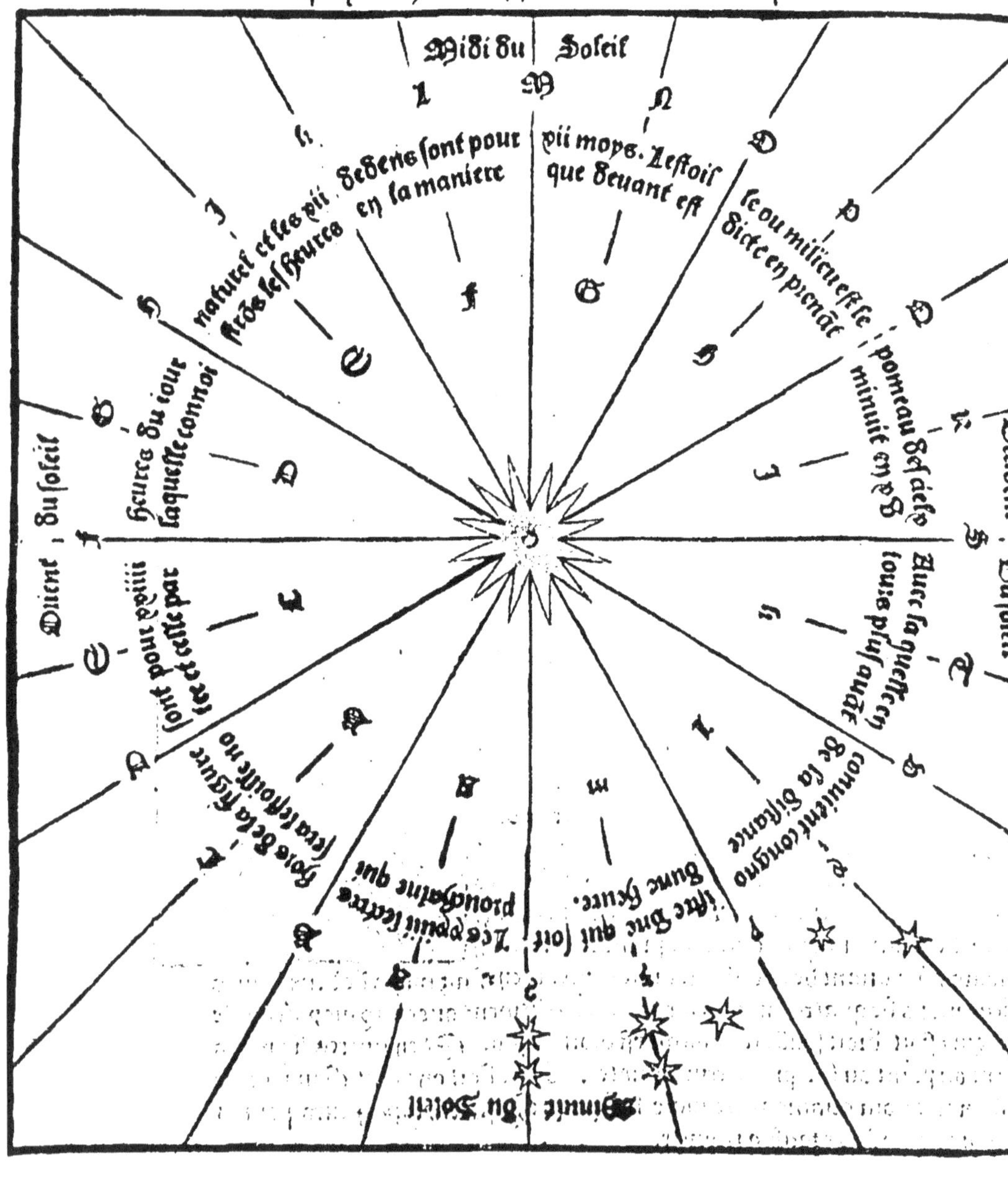

¶ Pour congnoistre par nuit lendroit de midi come cellui de minuit le hault orient et le hault occident le bas orient et le bas occident aussi. et lendroit ou ciel que chascun signe lieue bergiers usent de ceste practique.

Soit tēdue une corde qui tiēne ferme par hault et par bas. puis une autre a plomb qui obeisse iusques soit temps de larester. et quelles soient ung peu distantes lune de laultre. et tellement dressees quon on voye lestoille du pomeau droit soubz les deux cordes ensēble. puis soit arrestee la corde a plōb par hault & par bas qui vouldra Maintenant qui veult veoir midi droictemēt soit nuit soit iour se mecte de laultre partie des cordes et verra lendroit du midi le remecte cōme premier verra lendroit de minuit combien quil soit iour ¶ Pour le hault point du zodiaque ou plus long iour deste ¶ Soit veu le souleil soubz les deux cordes a heure de midi et on soit cy pres que on touche les cordes et note en la corde vers le soleil la haulteur ou on la veu puis par nuit soient nottees aucunes estoilles quon puisse tousiours congnoistre une ou plusieurs en cellui en droit cest le passaige du solsticial deste. et quant les iours sont au plus court les estoilles que on voit a minuit en cellui point de midi sont droictement celles qui sont prouchaines du solsticial deste lequel a le signe prouchain deuers oriēt. et Cancer le signe prouchain vers occident Gemini. Et comme est dit du hault solsticial deste on pourra practiquer le bas solsticial dyuers. lequel on voit sur le midi quāt les iours sōt cours sur lendroit de minuit et son prochain signe deuers orient est Capricornus. et cellui vers occident Sagitarius ¶ Pareillement on pourra noter le hault orient ou le bas mais cōuiēdroit que fut quāt les iours sōt plus longz et plus petis. et la distāce entre les deux orietz diuises en six parties egales. Par chascune lieuent deux signes. Par la prouchaine partie du hault orient lieuent Gemini et Cancer. Par la seconde Taurus et Leo. Par la tierce Aries et Virgo. Par la quarte Pisces et Libra. Par la quīte Aquarius et Scorpio Par la sixte plus pres doccidēt Capricornus & Sagitarius. Et plusieurs autres choses on peult practiquer ou ciel cōme le bergier a tout ses deux cordes.

Bergiers qui couchent par nuit aux châps voiêt plusieurs impressions en lair et sur terre que ceulx qui couchent en litz ne voyent mie: Aucune foys en lair ont veu une maniere de comete en facon de dragon iectans feu par la gorge. Lautrefois ont veu du feu saillât en forme de chevres qui saultêt sâs durer lôguemêt. Et autrefois une impression blanche laquelle appart tout temps par nuit et a toutes heures quilz appellent le chemin saint iaques en galice.

Le dragon volant | Chievres de feu saillantes | Le chemin saint iaques

Autres impressions sont comme feu flambant qui monte. Lautre côme feu flambant qui va de coste. Lautre comme feu arreste et ceste dure longuement. Dautres sont qui font grans flambes et ne durent pas longuemêt. Autres sont côme chandelles aucuneffois grosses aucuneffois petites et cestes cy voient en lair et sur la terre. Une autre comete voiêt cheoir du ciel en forme dune lance ardant.

Lance de feu ardant | Chandelles ardantes | Chandelle ardant

Feu montant | Etincelles ardantes | Buchetes builans | Feu qui est sol

Encore voient bergiers des cometes en autres manieres. cest assavoir en facon dune colonne ardant cõe ung pilier et dure longuement. Une autre en forme dune estoille volant et tantost est passee. mais la troizie me est comete couee celle qui plus dure de toutes. Item voiẽt cinq estoilles erratiques qui ne vont point comme les autres et sont celles quilz appellent planetes mais ont forme destoilles. et sont Saturne Jupiter Mars Venus et Mercure. Et si voient des estoilles quilz appellent lune estoille barbue. lautre estoille cheuelue. et lautre estoille a couee

Colõne ardant ¶ Estoille volant ¶ Comete couee ¶ Estoilles erratiques

Les trois estoilles derriere sont. estoille barbue. estoille cheuelue: et estoille couee.

Quattuor hiis casibus sine dubio cadet adulter
Aut hic pauper erit. aut subito morietur
Aut cadet in causam qua debet iudice vinci
Aut aliquod membrum casu. vel crimine perdet

Combien que les impressions cy dessus semblent choses merueilleuses a gens qui ne les ont veues pour quoy aucuns cuident que soient en partie impossibles. Saichent iceulx et autres que lan precedent celluy de ce kalendrier quon disoit mil quatre cens iiiixx et xii le septiesme iour de nouembre Chose plus merueilleuse aduint en la contre de Ferrate de la duche dautriche pres une ville nommee Ensisheim ou faisoit cellui iour tõnairre horrible et en plains champs pres ladicte ville Cheut par my le tõnairre une pierre de fouldre laquelle pesoit deux cens cinquãte liures et plus. Laquelle pierre de presẽt est gardee en ladicte ville ou la voit qui veult. et de laquelle sensuit lepytaphe escript dessus elle.

Perlegat antiquis miracula facta sub annis
Qui volet: et nostros comparet inde dies
Visa licet fuerint portenta: horrendaqz monstra
Lucere e celo: flamma/corona/trabes
Astra diurna/faces/tremor/et telluris hyatus
Et bolides/typhon sanguineusqz polus
Circulus/et lumen nocturno tempore visum
Ardentes clipei et nubigeneqz fere
Montibus et visi quondam concurrere montes,
Armorum et crepitus/et tuba terribilis:
Lac pluere e celo visum est, fruges qz calibes qz
Ferrum etiam/et lateres/et caro/lana/cruor/
Et septenta alius/ostenta ascripta libellis
Prodigiis ausim vix similare novis
Visio dira quidem Friderici tempore primi
Et tremor in terris/luna qz sol qz triplex
Hinc cruce signatus Friderico rege secundo
Excidit inscriptus gramate ab ymbre lapis
Austria quem genuit senior Fridericus: in agros
Tercius hunc proprios: et cadere arva videt
Nempe quadringētos post mille peregerat annos
Sol novies qz decem signifer atqz duos
Septem preterea dat pdus metuenda novembris
Ad medium cursum tenderat illa dies
Cum tonat horrendum crepuit qz peracra fulmen
Multissonum: hic ingens concidit atqz lapis
Cui species delte est acies qz triangula: obustus
Est color et terre forma metalligere
Missus ab obliquo fertur visus qz sub auris
Saturni qualem mittere sydus habet
Senserat hūc Enszheim sūt gaudia sēsit in agros
Illic insiluit depopulatus humum
Qui licet in partes fuerit distractus ubiqz
Pondus adhuc tamen hoc continet ecce vides
Quin mirum est potuisse hyemis cecidisse diebus
Aut fieri in tanto frigore congeries
Et nisi anaxagore referant monimēta: molarem
Casurum lapidem· credere et ista negem
Hic tamen auditus fragor undiqz lithore Rheni
Audiit hunc Uri proximus alpicola.

Il est vray quen douze saisons
Se change douze foys ly homs
Ainsi que les douze moys
Se changent en lan douze foys
Et chascun par court de nature
Tous ensuit sa creature.
Si change de six ans en six ans
Par douze foys ses douze temps
Se sont soixante douze en nõbre
Adonc va gesir en lombre
De viellesse ou il fault venir
Ou il le fault ieune mourir

¶ Ianuier

Premier doiz prandre et cõmencer
Six ans pour le moys de ianuier
Qui na ne force ne vertu
Quant lenfant a six ans vescu
Tel est il sans nul bien sauoir
Ne force ne vertus auoir

¶ Feurier

Les autres six ans se font croistre
Adõc saprẽt vng peu a congnoistre
Et estre doulx et amyable
Plaisant gracieux seruiable
Ainsi fait feurier tous les ans
Quen sa fin se prent le printemps

¶ Mars

Mais quant des ans a dixhuit
Adonc se change a tel deduit
Quil cuide valoir mille mars
Ainsi comme le moys de mars
En beaulte change et prẽt valour

¶ Auril

Lors vient auril a si beau iour
Que toute chose sesiouist
Lerbe croist et larbre flourist
Les oyseaux reprennent leur chant
Et ainsi a vingt et quatre ans
Deuient lomme fort vertueux
Ioly gentil et amoureux
Et se change en maint estat gay

¶ May

A trente ans va regnant en may
Le plus puissant des douze moys
Sur tous les autres nomme roy
Ainsi deuient il homme fors
A trente ans est ferme de corps
Pour bien tenir lespee au poing
Puis va venir au moys de iuing

¶ Iuing

Trente six ans ne plus ne moing
Cest. i. moys de grãt chaleur plain
Et aussi est qua trente six ans
Deuient ly homs chault et bollans
Et commence fort a meurer
A cueillir sens et soy aduiser

Juillet

Et quant vient regner en iuillet
On ne lappelle plus varlet
Quil a des ans quarante deux
Le moys a passe toutes fleurs
Et se commence a decliner
Et aussi se commence a passer
La beaulte dune creature

Aoust

Apres vient aoust qui tout meure
Qun homs a quarante huit ans
Or a mal employe son temps
Se a quarante huit daaige
Ne se change a maniere saige
Car adonc se doit auiser
Combien a de biens amasser
Pour auoir repos en viellesse
Car en ce temps pst de ieunesse
Et se change en couleur mabre
Ainsi comme ble fait et ly arbre
Se changent en ce moys daoust
En grant folye vse son goust
Qui de bon sens ne se remembre

Septembre

Et quant vient regner en septēbre
Il a des ans cinquante quatre
Ung seul on nen pourroit rabatre
Septembre ie vous signifie
Est vne saison riche et ioye
Car elle fait les blez soier
Et commence on a vendenger
Qui les biens a si les engrange
Le homme na riens en sa granche
Quant il a cinquante quatre ans
Jamais il ny viendra a temps

Octobre

La soixante ans est riche homs
Aussi est riche fort la saisons
Du moys qui vient apres septēbre
On lappelle le moys doctembre
Il a soixante ans et non plus
Lon deuient vieulx et tout chenus
Sil est riche cest a bonne heure
Sil est poure se plaint et pleure
Le temps quil a mal despence
Lors sesbait par pourete
Damne le corps et gaste lame
Et auec ce chascun le blasme
Pour les oultraiges quil a fait

Nouembre

Or vient nouembre qui le trait
Jusques aux ans soixante six
Que lors on voit tous deuestir
Les arbres; si que tour en tour
Ny demeure fueille ne flour
Toute verdure meurt et cesse
Toute beaulte pert sa noblesse

Celluy qui soixante six ans a
Appercoit bien car il sen va
Et peult bien sauoir sil na tort
que ses hoirs desirent sa mort
Soit en ce temps ou poure ou riche
Car sil est poure il est dit nice
Et se ne peult gaigner nauoir
Mais sil a grant plante dauoir
On le vouldroit veoir mourir
Affin quon peult au sien partir

### Decembre

Auant que vienne en decembre
Tous luy appetissent ly membre
Car il a soixante douze ans
En ce moys tout se meut le temps
Toute verdeur pert sa puissance
Tous esbas sont en desplaisance
Et tous enseignent cest la somme
quil ny a mes puissance en homme

Puis quil a soixante douze ans
Il aimeroit mieulx deux chaux flans
que lamour dune damoiselle
Mollet et parfonde escuelle
Auoir est toute sa voulente
Passe a maintz yuer et este
Et sil vault pis en lan quant lan
Ainsi ne vit lhomme qun an

### Lacteur

Par les douze moys figures
Et leurs natures rapportes
Selon que chascun a son regne
Tout hõme na pas fort grant regne
Au monde: et bien peu de deduit
Car la moitie sen va par nuit
que lomme dort et pert son temps
Jusques a quinze ans est en mourans
Autres cinq ans pert de saison
Par maladie ou par prison
Demy le temps sen va par nuit
que lomme dort nest dit quil vit

### Item lacteur

Trente six ans que dormir monte
quinze et cinq rabatez du compte
Seize en y a de demourant
Ne plus ne va lomme regnant
Se follement il se marie
Jamais naura bien en sa vie
quant il a eu tous ses souhaits
En fin na gaigne que ses fais

Cy apres sont les ditz des
oyseaulx comme pasteurs
gardans leurs brebis les
oyent chanter et parler.

Plusieurs sõt q̃ ont veu les dis des oyseaulx. mais non pas en la forme cõme ceulx qui sensuiuẽt car aucuns bergiers sõt plus saiges lun q̃ laultre ainsi cõe des autres gens si cõgnoit on que le Bergier qui a fait les ditz qui ensuiuẽt auoit plus cõgneu doiseaulx que tous autres bergiers Et premierement cõmence

¶ Laigle

De tous oyseaulx ie suis le roy
Voler ie puis en si hault lieu
Que le souleil de pres ie voy
Heureux sõt ceulx qui verrõt dieu

¶ Le chahua

Chascun oyseau si me deboute
Pour tant me fault voler de nuit
De mes yeulx de iour ne voy goutte
qui fait peche peche luy nuit

¶ La caille

Charnalite est tant en moy
Que ie ne me puis abstenir
Je faiz ce que faire ne doy
Luxurieux doit bien cremir

¶ La huppe

Manger ne veulz sinon ordure
Car en punaisie ie me tiens
Se ie suis de belle figure
Beaulte sans bonte ne vault riens

¶ Le faulcon

Len mappelle faulcon gentil
Aucunesfoys ie suis ramaige
Jayme les grans et les petis
Ainsi fist dieu lumain lignaige

¶ Le butor

Quant ie veulz en leaue crier
Je faiz vng treshorrible son
Nul ne doit son mal publier
Ne dautruy blasmer le renom

¶ Le rossignol sauuaige

Quãt vient ce beau tẽps de may
Je suis ioly et amoureux
Et si nay soussy ne esmay
qui craint dieu est bien eureux

¶ Le rossignol priue

Se ie vois gens merencolieux
Du cueur tristes et doulourcux
Chanter veulz pour les faire rire
Resiouyr et mectre hors de ire
Rossignol doit estre ioyeux

¶ La tourterelle

Chastete garde nectement
quant ie nay point de compaignie
Viure veulz solitairement
Cueur deuot ayme necte vie

¶ Le gros bec

Se tu veulz bien garder ta terre
Garde que tu nẽtrepreigne guerre
De nullny de ta voulente
Tel est souuent bien hault monte
Quapres son pain luy voit on querre

¶ La grue
Ma compaignie ayme ie seul
Doulce luy suis et debonnaire
A la garder iay tousiours seul
Le bon pasteur doit ainsi faire

¶ Le verdier
Sans faire ne tort ne dommaige
A voisins que iaye nullement
Je viz sans faire aucun oultraige
Biens viennent on ne scet cõment

¶ La sigoingne
Pour viure mieulx a ma plaisance
Je ayme moult le peuple humain
Des miens nourrir ay souuenance
Chascun doit aymer son prouchain

¶ Le pinsson
Le temps dyuer mest moult cõtraire
Car il me fait grant froit auoir
Pour men garder que dois ie faire
Ne say dieu le veulle sauoir

¶ Le fenix
Seule ie viz moult longuement
Et puis ie meurs par droit diuin
Viure vueillons hastiuement
Les bons auront ioye sans fin

¶ La pye
Qui son secret vouldra celer
De chascun et en tous endrois
Si se garde de trop parler
Trop parler nuit aucunesfoys

¶ Le faisant
Je suis pour creature humaine
Bon a manger et sauoureux
Qui viande veult plus certaine
Dieu donne biens delicieux

¶ Le corbeau
Souuent ie pense en funeraille
A ce la cest tout mon remors
Il ne men chault comme quil aille
De lame; mais que iaye le corps

¶ Le houbier
Je voiz hault et bas pourchasser
Ou ie prandray ma nourriture
Quãt ie voys les chasseurs chasser
Je men tiens pres a laventure

¶ Le cormorant
Saige nest pas la creature
Qui vit au dommaige dautruy
A chascun dieu fera droicture
Nul mal ne demeure impugny

¶ Larondelle
Je gueriz mes petis des yeulx
Et les fait veoir clerement
Qui vouldra veoir le roy des cieulx
Il fault quil viue loyalment

¶ La corneille noire
Ne veulles poures escouter
Tousiours tu les doiz debouter
Bon te dis tiens pour ton prouffit
Prens le bien tost sans contredit
Les riches on doit honnourer

Le casadrius
Jamais ie ne vouldroye mentir
Mais ma promesse acomplir
Et porter honneur a aultruy
Sās prandre aucūs biens ne nulluy
Tousiours mon honneur agrandit

Lestourneau
Je ne voys point en normandie
Pource quil ny croist nulz raisins
Il nest rien si bon quoy quon die
que destre pres de bons voisins

Le paon
Quant ie voiz ma belle figure
Dorguilleux suis haultain et fier
Mais telle beaulte peu me dure
On ne doit nully despriser

Lalouette
Lors que le temps est plantureux
Et quil se veult tourner en chault
Je chante vng chant plus gracieux
Et remercie le dieu den hault

Le sauriot
Quant cerises sont en saison
Je dis confiteor deo
Mais rienne vault confession
qui ne fait satisfacio

Le signe
Je say bien chanter en ma vie
Chant qui est moult melodieux
quant ie meurs point ie ne lobliye
qui bien vit doit mourir ioieux

Le coq
Hardy ie suis et liberal
Me maintiēs tousiours en ce monde
Amoureux suis et cordial
Charite en tous biens habonde

La poule
Tousiours ie suis embesongnee
Pour le prouffit de la maison
Je faiz des oeufz maintz en lannee
Et des pouletz a la saison

Loye
Ja ayme mon maistre et ma maistresse
Sur ma plume dorment en leur lit
Apres auront ma chair et gresse
Se leur sera tresgrant prouffit

Le canart
Jay tousiours le bec en lordure
Car ie my plonge iusques aux yeulx
Ainsi fait qui vit en luxure
Aueugle est qui ne craint dieux

La canette
Je vois et viēs par ces ruisseaulx
Et barbote comme quil aille
Son y laue tripes boyaulx
Mien demeure quelque vitaille

Le piuoyne
Je suis en tout temps par nature
Simple et de belle maniere
De noir est tousiours ma vesture
Siples gēs font tousiours grāt chere

¶ Le chardonneret
Ma robe est de plusieurs couleurs
Mais le bonnet est descarlete
Je suis de ma femme ialeux
Et ne la laisse point seulete
¶ Le chardonneret en caige
En dieu dois auoir ta fiance
Et mettre en luy ton esperance
Car quãt les hõmes te fauldront
Les dons de dieu te aideront
A bien auoir ta gouuernance
¶ Le passe
Je suis priue de ma nature
Car ie me tiens entour les gens
De poure maison ie nay cure
Car on ne prise rien poures gens
¶ Le heron fauue
Je me tiens en lieux aquatiques
Cest le plus beau de mon deduit
Je y treuue tousiours practiques
Et si nen maine point grant bruit
¶ La petite oiffraye
Je prens au poil et a la plume
Je ne men chault mais que ien ape-
prendre et rauir cest ma coustume
Mais fol est qui prent sil ne paye
¶ Le merillon
Tant que mon auoir peult durer
Je ne veulz mes subiectz greuer
Viure du sien cest grant noblesse
Quantrement fait les autres blesse
Et leur fait sans cause endurer
¶ La cheueche
Tout au long du iour me repose
En vng trou la suis a desiure
Des oyseaulx: mais quãt est nuit close
Je men vole querir pour viure
¶ La perdrix
Je me metz souuent en danger
Pour garantir ma compaignie
Jen ay lesse a boire et a menger
Qui bien vit dieu ne loblye mie
¶ La trope
Je chante et maine bonne feste
Quant ie sens le doulx tẽps venir
De faire mon nid ie mapreste
Je ne men pourroie plus tenir
¶ Lassee
Quãt autres oyseaux vont coucher
Adonc il me conuient vestir
Pour aller ma vie pourchasser
Comme fait la chauue souris
¶ La beccasse
Je ne repose iour ne nuit
En nul temps ie ne suis oyseuse
Si est saige celluy qui fuit
Paresse: car est perilleuse
¶ Le ralle noir
Je me tiens dessus la riuiere
Cest le plus de mon passetemps
Dy viure ie treuue maniere
Qui bien vit doit mourir cõtens

Le pellican

Je suis dune telle nature
Que ie veil mourir pour les miens
La vie leur rens par ma morsure
Aussi fist ihesucrist aux siens

Le hua

En mō tēps iay pris maltz poussins
Ou ie nauoye nulle droicture
Ceulx qui viuent de larcins
Mectent leur ame a lauenture

Le lanier

Je suis semblant aux aduocas
Rien ne faiz sil ny a a boire
Pour neant me compte len son cas
Car telx ont beau crier et braire

La chouete

Je suis tenue tant larronnesse
Car chascun fuit ma compaignie
Ainsi est lame pecherresse
Par peche de dieu forbanye

Lespreuier

Par dessus tous oyseaulx de proye
Je suis du plus gentil lignaige
Pour neant plus me priseroye
qui moins se prise plus est saige

Le piuart

Je suis bon astrologien
Car quant le tēps se veult changer
Incontinent ie le sens bien
Le corps me prent a fremier

Le papegault

Je suis vert en toutes saisons
Je ne change point ma liuree
Je ne vestz drap fait de toisons
Le monde na point grant duree

Le piuart noir

Par mon bec iay des arbres mains
Fait mourir que cest dommaige
Aussi ont fait plusieurs humains
Autres gens par faulx langaige

Le merle

En tout temps suis vestu de noir
Sur moy na aucune diuise
Qui vouldra robe blanche auoir
Serue dieu et ayme leglise

Le mauie

Je suis dune grant diligence
Pour pourchasser ma poure vie
Je ne demande or ne cheuance
Tel est huy qui demain desvie

Le cocu

Las ie suis de mauuaise sorte
Car quant de manger iay enuie
Je mangue celluy qui maporte
Et ma nourry toute ma vie

Le cocu priue

Si tu entreprens rien a tort
Plus tost que peulx faiz ton accort
En paix viure cest vne ioye
En ioye tousiours viure vouldroye
Qui quiert noise il quiert sa mort

¶ Le chapon
A plusieurs gens vaulsist trop mieulx
Que fussent chatres cõme moy
Meilleurs seroient moingz vicieux
Et plus en grace du hault roy

¶ La grant orfraye
Je semble les enfens de tours
Je mangue chair et poisson
Mais il me fault faire mains tours
Auant quaye ma prouision

¶ Le gay du boys
On ne oyt que moy au vert bocaige
Braire crier mon bec ne arreste
Celluy qui trop a de langaige
En lieu de bien ne deust point estre

¶ Le gay en caige
Dieu vous gart beaulx petis enfens
Ne scet quil voit: qui voit enfens
Nully nest qui soit seur vne heure
Car en peu de temps dieu labeure

¶ La calende
Cousine suis du roussignol
Qui est tenu tant gracieux
Cousins assez: amys bien pol
Cousins ne sont bons que pour eulx

¶ Le perdrieux
Les vngz mappellent le perdrieux
Les autres loyseau saint martin
En nul temps ne suis oyseux
Ma iournee cõmence au matin

¶ Le tiercellet
Je prens souuent ou ie nay rien
Ce nest pas vescu loyaulment
Laissez a chascun ce qui est sien
Cest de dieu le cõmandement

¶ La mezange
Lescripture dit quon ne doit
Pas despriser petites gens
Et que tel est petit qui doit
En science comme les grans

¶ Le coulon
Ayez le poure en souuenance
Et luy secours de ta substance
Le riche doit estre aulmosnier
Riche qui donne voulentier
Acquiert honneur los et cheuance

¶ Le pigeon
Pour tant se ie nay point de fiel
Je ne laisse point estre preux
Tel se monstre plus doulx que miel
Qui felon est et dangereux

¶ Le coulon ramier
Je suis vng grant sergent a masse
Car iaiourne tous mes voisins
Quant ie voy que lyuerne passe
Quilz paissent choux par les iardins

¶ La colombe
Deuant tous les oyseaulx fuz le
Moult simple et de belle maniere
Quant durant le temps du deluge
Je fuz leur bonne messagiere

¶ Le petit boultour
Ha ie sens de plus sept lieux
Sil y a sur les champs des mors
Affin que mes religieux
Et moy allons querir les corps

¶ Le grant boultour
Combien que iay grant segnorie
Ne me chault qui brait ou qui crie
Ne se autruy a quelque deffault
Premierement penser me fault
Que ma pance soit bien nourrie

¶ La corneille fauue
Je hante fort pres des musniers
Jamende deulx assez souuent
Sil y a des blez es garniers
Jl en auront soit pluye soit vent

¶ Le freu
Subtil ie suis en tous mes faiz
De mal faire souuent mauise
Se iamendoye tous mes mal faiz
Je nauroye robe ne chemise

¶ Le tacelet du boys
Seigneurs conseil veulz demander
Pour mon royaulme gouuerner
Affin quamour puisse conquerre
Et aussi maintenir ma terre
Que paix puisse tousiours regner.

¶ Le tacellet des maisons
En la guerre ie suis ardis
Et courtois en faiz et en dis
Du myen donne liberalment
Et suis iuste en iugement
Par ce iaquiers hõneur et pris

¶ Le heron blanc
Il nest homme tant soit soubtil
Qui puisse rien perdre en mon aire
A ceulx qui estoient en exil
Dieu leur fut doulx et debonnaire

¶ Le troullet
Diligence est si grande vertu
Quon dit que passe sapience
Maintes personnes sont vestus
Par subtil engin et science

¶ La bergeronnete
Lapostre dit que nous fuyons
Les euures qui sont tenebreuses
Et que nous aimons et vestons
Des armes de dieu vertueuses

¶ La frezaye
En tenebres faiz ma iournee
Je ne veulx clarte ne lumiere
Celluy ou celle est destournee
De dieu qui vit en tel maniere

¶ Le moyngneau
Nul ne doit son corps solacer
Na coler femme ne baiser
Se nest sienne: et se elle desplait
Garder la fault plait ou non plait
Tousiours nest pas tẽps de dãser.

¶ Le martinet
Je visite fort sur les eaux
Je y treuue pour viure pasture
Ceulx y ont proffis bons et beaux
Qui cõme moy y mectent leur cure

¶ La grosse oustarde
Gueres de gens nont en moy part
Sen y a telz a qui trop tarde
Souuent on dit matin et tart
Il est bien gardé qui dieu garde
¶ La petite oustarde
De moy sen mangue bien a tart
Le mieulx que ie puis ie men garde
qui bien se ayme bien se gart
Dieu voit bien comme on se garde
¶ Le pingert
Musniers et moy sumes tout vng
Car nous peschons verons et loches
Mais des musniers nest de cent vng
qui voulentiers ne prenne es poches
¶ Le hybouz
Je faiz petis oyseaulx trembler
Par nuit tant faiz vng hydeux cris
De iour ne me oseroye mõstrer
Car par eulx ien seroye destruis
¶ La chauue souris
On ma veu que iestoye plume
Mais pour vng cas que ie cõmis
Les oyseaulx mont tout desplume
Et hors de leur compaignie mis
¶ La grant aigle
Je suis loyseau du roy celeste
Qui me perche sur ma poictrine
Et des segres de mon cher maistre
Je viz par puissance diuine
Damour si me monstra grãt signe
quant il me voulut declairer
Sa grant vertu puissãte et digne
A iamais le doiz honnorer
¶ Laultrusse
Je digere acier et fer
Sans me douloir de la poictrine
qui vouldra escheuer enfer
Si ensuiue bonne doctrine
Je faiz encore chose digne
quant par mon regart seulement
De mes oeufz faiz yssir ligne
Sans les toucher aucunement
Il ny a soubz le firmament
Oyseau de ma condicion
Mais dieu qui ne fault nullement
Moy et les myens le gracion
¶ La rabienne
Se dieu faisoit a ma requeste
Jamais puer ne touneroit
Car pour mãger me met en queste
Et si me fait mourir de froit
¶ Le papillon
Papillon suis en lair volant
Le vent me conduit a plaisir
En vollant na petit enfant
Que sur moy nait vng vray desir

¶ Explicit les ditz des oyseaulx

Homme mortel cree de terre et fait. Du createur forme a sa semblance
Las recongnois le bien que dieu ta fait Puis que tu es hôme priue denfance
Remembre toy et apez souuenance Cueur dur rempsy de trop grant vanite
Du hault degre et de sa dignite Ou dieu ta mis indigne creature
Tant riche et noble esleu en prelature Dont tu rêdras cõpte quoy quil tarde
Mais scez tu qñt: demain par auêture Ou aujourduy pour tât dône tê garde

Puis que vne foys tu as este deffait Et mis au bas par desobeissance
Et que dieu ta par sa grace refait Et ta tenus en estat dinnocence
Ne penche pas par orgueil ne arrogãnce Mais mõstre toy miroer dhumilite
Car tu scez bien que ta fragilite Nest que viande a vers et nourriture
Et deuiêdras en la fin pourriture Quoy que a present sentes: te cõtregarde.
Mais scez tu qñt: demain par auêture Ou aujourduy pour tât dône tê garde

Cuide tu estre autre hõe ou plus pfait Que tes maieurs de deuât ta naissâce
Qui tant furêt glorieux en leur fait Que dieu et monde en a la cõgnoissance
Helas nenny: car pour quelque puissance Que tu ayez ou gloire en prosperite
Cõe eulx mourras poure ou riche herite Miserable hõme et de fraisle nature
Et seras mis vng iour en sepulture Ne tu nas force ne pouoir qui ten garde
Mais scez tu qñt: demain par auêture Ou aujourduy pour tât dône tê garde

Homme: arme toy contre leure future Forte et dure car mort de sa poincture
Te picquera de sa cruelle darde Mais scez tu quant demain par auenture
Ou aujourduy pour tant donne ten garde

Puis quainsi est q̃ vous fault tous finir Et apres fin cõpte a dieu du tout rêdre
Las: desormais veillez vous maitenir Si saictemêt sâs tache et sâs mesprêdre
Qua leure horrible ou mort vo⁹ vouldra prêdre Vrê poure ame a pñt vicieuse
Soit des vertus tant riche et precieuse Que voler puisse en la clere cite
Ou : est plaisir, ioye, et felicite. Salut, vertus, aussi paix pardurable,
Vie sâs mort, beaulte, sante, ieunesse, Los pieu pouoir, et force insuperable
Qui tousiours dure et qui iamais ne cesse.

Las vous voiez to⁹ les iours mort venir Qui est la fin q̃ vous deuez actêdre
Et ne sauez que peulent deuenir Les esperitz: quant les corps sont en cendre
Les bõs vôt s⁹: les mauuais fault descêdre En vne chartre oscure et tenebreuse
Ou est vermine immortelle angoisseuse: Misere, ennuis, faulte, et necessite
Fain, soif, pleur, cry, et toute aduersite. Horreur, paour, fraieur inenarrable
Mort sans mourir, desespoir et tristesse. Feu sans lumiere, et froit intolerable
Qui tousiours dure et qui iamais ne cesse.

Helas pour tant
Vueillez bien retenir
Tous ces pointz cy
et a bien faire entendre
Si que apres mort
Vous puissiez paruenir
Au hault reaulme ou
vo⁹ deuez tous tendre
Qui tant riche est que
cueur ne peult cōprēdre
On y vit en paix
quest chose glorieuse
Et oyt on son de
voix si melodieuse
La ont les corps
impassibilite
Agilite
clarte subtilite
Et les ames
sapience admirable
Puissance, honneur
seurete et liesse
Concorde amour
en gloire inseparable
Qui tousiours dure
et qui iamais ne cesse

O mauuais riche enfle diniquite Rude aux poures: las que ta prouffite
Ton riche habit ta planturcuse table Puis que tu es poure pour ta richesse
Et as soif ores et fain insaciable Qui tousiours dure et qui iamais ne cesse

¶ Sensuivent aucunes oroisons et autres prieres en forme de balades laiz et rondeaulx. Et premierement est cy mise une decision theologale sur une question a savoir mon se les prieres. oroisons. messes. et suffraiges que len fait en ce mõde pour les ames des trespasses estãs en purgatoire leur sont meritoires et vallables a leur delivrance.

Supposé devot tu dois noter que pour acquerir aucun bien: le quel compaigne lestat daucun ou est accessoire a icelluy estat leuvre daucun peult prouffiter non pas seulemẽt De cõgruo / mais avec ce De condigno. Et ce peult estre en deux manieres. Premierement pour la coicacion laquelle est en la racine de leuvre meritoire. cest de charite qui est racine de tout euvre meritoire. Et ainsi toute personne a prouffit et emolument du bien dautruy sil est en charite Juxta illud particeps ego sum ꝛc. Secondement pour lintencion du faisant quãt aucun fait aucunes euvres affin quelles prouffitẽt a autruy et telles operacions appartiennent a ceulx pour qui elles sont faictes ainsi comme donnees de celluy qui les fait. ¶ Et peuent valoir ou pour satisffaire et acomplir la satisffacion daucun ou a quelque autre chose qui ne mue point son estat. Et en ces deux manieres valẽt les suffraiges de leglise non pas seulemẽt aux vifz mais avecques ce aux trespassez non pas affin que lesdis suffraiges puissent muer leur estat mais a ce quilz soiẽt delivrez des paines. Car cõe dit saint augustin en ung livre nõme enchiridion tãt quilz ont vescu en ce monde ilz ont desservy que lesdis suffraiges leur peussent prouffiter dum in hac vita viverent meruerunt ut hec sibi prodessent. Et lapostre dit en la ii[e] epistre aux corinthiens ou v[e] chapitre. Unusquisqꝫ propriam mercedem accipiet prout gessit in corpore: quant a estre damne ou saulve: Car chascun aura paradis ou enfer pour son propre euvre et non pas par leuvre dautruy. Ainsi se entend ce qui est escript ecclesiastice ix mortui non habent partem in opere quod sub sole geritur. quod intellige verum q̃tũ ad mutationem status. ¶ Ou nous parlons de opere operato. Cest a dire du suffraige en soy. Et ainsi le sacrement de lautel ꝛ autres sacrifices ont efficace et vertu deulx mesmes sans ce que loperacion de celluy qui les fait accroisse ou diminue leur effect mais sont faiz equalement par ung chascũ bon et mauvais. ¶ Mais se nous parlons de opere operantis Il couviẽt distinguer: car aucun sacrifice peult estre fait par ung mauvais homme cõme la messe dicte par ung pecheur. Et ce peult estre en deux manieres Premierement ut per actorem: cest a dire que le sacrifice soit fait par le pecheur cõme acteur dicelluy sacrifice. et ce ne prouffite sinon accidẽtalement et consequẽment cest assavoir que par les aulmosnes dun mauvais hõme les poures a qui ladicte aulmosne est dõnee sõt exaulcez a prier dieu pour les ames des trespassez pour lesquelx le mauuais les a donnes. Secũdo dt per ministrum: et ce peult estre en deux manieres car ou le sacrifice ou office est fait par le ministre publique de leglise comme est le prestre qui celebre lexeque des mors. et telx sacrifices prouffitent tousiours: car la malice du ministre ne nuist pas a leuure dun bon acteur comme est leglise.

¶ Ou lesdis sacrifices sont faiz par vng ministre daucune priuee persõne. Et adonc silz sont faiz par le cõmandemẽt daucun estant en charite comme se tu faiz dire vne messe a vng prestre qui soit en estat de peche et tu soies en grace et charite: ce que tu faiz dire prouffite pour toy ou pour celluy pour qui tu le faiz dire sil est trespasse. Mais se au cõmandement de celluy qui nest pas en charite quãt il a mande aucune bõne euure estre faicte telle bonne euure ne prouffite pas aux trespassez: si non que apres il reuint en bon estat quant telle euure se feroit. Et suffit quil soit en charite quant il commande quon face lesdictes bonnes euures iassoit ce quil ny soit pas quant on les execute. Et pour tant est ce grant bien quant celluy qui donne laumosne ou qui fait dire la messe et celluy a qui elle est donnee ou la messe commise sont en charite comme ou cas de presẽt. Car se tu donnes ou nom de ton pere qui est en purgatoire et en grace a ceste eglise pour estre participant en ses suffraiges les euures sont meritoires des deux parties cestassauoir ex opere operato et ex opere operantis. Hec Ricardus in quarto distinctione xlv articulo quarto questione secunda

¶ Note que celluy qui recoit plusieurs pmo tout le monde a la participacion de ses biens na pas moins de prouffit de ses bõnes euures que sil receuoit tout pour luy mais luy apporte plus de prouffit quant en a laugmentacion de loyer au gloire. et quant a satisffacion de ses pechez et diminucion de la paine pour iceulx deue aux quelles choses vault ladicte associacion ainsi que Ricardus de media villa ou lieu prealegue.

Monseigneur saint gregoire en la secõde question de la xiii^e cause ou chapitre gregorius. dit que les ames de purgatoire sont bien tost deliurees par quatre manieres. et sont les quatre clefz que chascune deuote persõne doit pendre a sa ceinture pour ouurir purgatoire quant il vient a leglise. ¶ La premiere clef est loblacion des prestres. Et ce appert par figure par auctorite et par exemple. de ce auons figure Secundi machabeor xii. que Judas machabeus enuoia. xii. M. dragmes dargent en oblacion et offrande pour les pechez des iuifz qui estoient trespassez en la bataille. Par quoy nous est donne a entendre que loblacion du precieux corps de Jhesus faicte a dieu son pere est bien de plus grant vertu pour diminuer les paines des trespassez que ledit argent. Et est encores escript ou lieu dessusdit que se iudas machabeus neust eu esperãce que ceulx qui estoient occis en la bataille ne feussent vne foys resuscitez ce luy seroit chose vaine et superflue prier pour les trespassez. et sensuit. Cest doncques chose saincte z salutaire prier pour les trespassez affin quilz soiet delivres de leurs pechez. ¶ Ceste raison est aussi prouuee par lauctorite des docteurs de la saincte escripture cõe de saint augustin et sait gregoire ou lieu prealege. ¶ Il est aussi prouue par exemple dun euesque qui estoit malade de chaulde maladie tellement quon ne luy pouoit rafreschir les piez Les pescheurs en este pescherẽt vng grant glacon lequelilz apporterẽt a leuesque qui luy fut mis aux piez a certaine heure. et lors leuesque ouyt vne voix qui se plaignoit laquelle il adiura Laquelle respondit Je suys lame dun prestre qui faiz icy mon purgatoire. et se tu en estat de grace di soyes cent messes pour ma redempcion ie seroye saulvee. ce qui fut fait. Or regarde tu nen as pas ex cẽt mais nulle. purgatoire a la foy nest pas partie denfer mais par dispensacion peult estre en chascun lieu ¶ La seconde clef est oroison et les prieres des sains par laquelle sont deliurees les ames des paines de purgatoire Et ce appert par auctorite en lapoca lipse ou viii^e chapitre ou il y a Ascẽdit fumus aromatum id est orationũ odo^s de orationibus sanctorũ de manu angeli coram deo Il appert aussi par lauctorite dessusdicte Sãcta et salubris ꝛc. Il appert aussi par exẽple du benoist saint martin qui comme dit saint gregoire vng prestre fut qui prioit deuotemẽt monsieur saint martin le iour de sa feste pour les ames de purgatoire Ilz en rendirent loy par le cornet de lautel qui le mercierent de ce quelles estoient hors des paines par la priere dudit saint martin. re garde donc que feront ces sains icy a la priere de la glorieuse mere de dieu Tu diras par auenture ie ne me apercoy point de leurs prieres: Je te de mande quant tu dis apeu que ie ne me suis rompu le col au cheoir de mon cheual ou dun arbre: ou que mon enfant nest mort: qui la garde croy que ce sont les prieres des sains Et ces deux premieres manieres sont plus efficaces en tant quilz sont rapportees en dieu. ¶ La iii^e clef est les aumo nes des parens et amis par lesquelles les paines de purgatoire sont di minuees Ecclesiastici vii. pauperi porrige manũ tuam et mortuo non prohibeas gratiam. et ecclesiastici xxii. super mortuum plora defecit eni lux eius Ruth primo faciet deus vobiscum misericordiam sicut fecistis cum mortuis ¶ Orenez a ce propos lexemple que recite saint gregoire du cheualier du roy charles le grant qui par son testament laissa a son com paignon les armes et son cheual affin quil en donast largẽt aux poures de dans xx iours: ou autrement il le citoit au iugement de dieu. Au bout de xx autres iours il se taissoit de ladicte citacion et differa a faire ce qui luy stoit enioinct. Il le apparut a son compaignon en le reprenant. et tantost vindrent deux noirs de moriene qui le prindrent et trainerent et le porterent par les montaignes et valees tant quil fut tout derompu. fais doncques aumosne incontinent sans tarder pour tes amis.

Aumosne doit auoir quatre condicions. car premierement elle doit estre faicte ioyeusement comme dit saint pol Secunde ad cor. ix Hilarem datorem diligit deus. Item elle doit estre faicte habondament Thobie. iiii. quomodo poteris esto misericors Selon ta faculte et puissance cestassauoir de peu le peu. Tiercement hastiuement et diligemment. Prouerbiorum iiii. Ne dicas amico tuo vade et reuertere cras cum statim possis dare. Quartement deuotement Danielis iiii Elemosinis peccata tua redime. cestassauoir de cueur contrict et deuot. faiz aumosne laquelle selon thobie deliure du danger de la mort eternelle. Ne faiz pas que les ames de tes amis trespassez crient apres toy ce qui est escript Job xix. Miseremini mei etc. Et mesmement Dereliquerunt me propinqui mei et qui me nouerunt obliti sunt mei. Je te prometz quil est escript Job xx Diuicias quas deuorauit euomet et de ventre eius extrahet illas deus Cest a dire que les executeur ou parent qui retient les biens des trespassez les vomira en enferes paines et tourmens ou les dyables les luy arracheront a grans crocqs de fer.

La quarte clef est la ieusne des parens et amis des trespassez par lesquelx quant ilz sont faitz par eulx estans en estat de grace leur valent a la diminucion de leurs paines. Ce appert par figure de bible. ii regum iii. Ou nous lisons que apres ce que abner eut este occis en trahison par ioab: ce venu a la congnoissance de dauid: il dist a tout le peuple qui estoit auecques luy ceingnez vous et vestez des sacs et pleurez et ieunez iusques aux vespres pour lame dudit abner esperant quil euitast dampnacion. En quoy appert clerement par le prophete royal que ieuner et faire penitence pour les ames de purgatoire leur prouffite a la diminucion de leurs paines. Dicy tu as prieres vigilles ieunes oraisons esquelles tu peulx rendre participans tes parens et amis. ce que ne doiz differer faire. Car ainsi que tu faiz toy estant en ce monde: ainsi sera fait pour toy apres ta mort. Supra illud preallegatum faciet deus vobiscum misericordiam etc.

Dictie des trespassez en forme de balade: et du iugement

Venimeuses tu qui portes la corne
Tous escornans de ton escorne cor
Au contraire dune grande licorne
Redant le lieu plus intopique encor
Encor cornes cornemēt dun grāt cor
Dont les cornars sen vont a la cornee
Tous escornez naiās en leurs cors cor
Auecques toute cornardie escornee

Celle sera bien de corne cornee
Dont luy faul dra sa grant cornete
Qui au monde nest pas encor nee
Et escoutāt le haust son du cor nete
Netz en espritz aussi netz du corps nete
Dont vostre ame se sera encornee
Du grāt cornu qui sans cesse cornete
Auecques toute cornardie escornee

Escornee sera du cornement
Dune tant terrible cornacion
Fort cornante et se le cor ne ment
Eschapee nest encor nacion
La nacion nest qui de ces cornetz
Ainsi cornāe en puist estre exemptee
Car les seres infectz ou des corps netz
Auecques toute cornardie escornee

Encor ne naist nul exempt du cornu
Ne de celle grande cornardene
Et quāt chascun sera la du corps nu
Garde naures qune cornardene
Cornardent naura quelque cornarde
Ne escorne cornard a la iournee
Dōcqs priōs a dieu q noz corps narde
Auecques toute cornardie escornee

O saint michel garde nous du cornāt
De corps cornu car se le cor ne rompt
Cornupetāt nous venra escornant
Quāt les anges de leur cor corneront
Le corps ne rōpt iames au pis cornez
Aux oreilles cornans nuit et vespre
Pour nous rēdre de noz corps escornez
Auecques toute cornardie escornee

¶ Encores de ce

Peuple mondain qui par ce lieu passez
Les hideux corps veez des trespassez
Ainsi finis par la grefue morsure
De atropos dont ilz sont enlacez
Priez pour ceulx qui vous ont amassez
Biens en leur temps par chault et par froidure

Car leurs ames transmises en depos
Au grant lethes priuees de repos
Sont a souffrir trop atroce pressure
Ou demourront long temps ie vous assure
Se par bien fais hors ne les enchassez

Et tout ainsi que du grief qui leur dure
Les aleger aurez soucy et cure
Par les vostres bons serez pourchassez
Quant ou cercueil serez deulx enchassez
De verite cecy ie vous anonce
Les biens de bien maulx de mal compensez
Vous seront plus iust quau poix de lonce
Quant mort finale viendra faire semonce

¶ Rondel

Tous et toutes mourir il nous convient
Feibles et fors icy le pouez lire
Dauid le dit en psalmiste lire
Souventeffoys acoup ainsi quon vient
¶ Juste raison a cela bien convient
Quen craignant de larch tonant lire
¶ Tous et toutes
De lachesis et de cloto lempire
Rompt dont mourons et tout cela aduient
Souventeffoys acoup ainsi quon vient
¶ Ou doulx tulles le beau liure contient
De viellesse que len ne peult desdire
Qui nous auec noz choses sans redire
Non saichant quant et tout ainsi quon tient
Tous et toutes

¶ Encor du iugement final

Toutes les foys que pense a ceste histoire
Du iugement: ie pers sens et memoire
Quant me souvient de ce que nous raconte
Saint pol qui dit quil nous fault rendre compte
De tous les faiz que nous feismes onques
Soit bien ou mal: or nous aduisons donques
que porteras deuant si iuste iuge
A ce grant iour au quel nest le deluge
A comparer. car si espouentable
Sera pour veoir et si abhominable
Si horrible, si dur, si perilleux
Si a doubter, si grief, si merueilleux
que ciel et mer et terre bruleront
Et les anges de paour trembleront
La grant trompe dira moult haultement
Leuez sus mors venez au iugement
La tous et toutes estre iugez convient
Helas dolens trop peu nous en souvient
Le iuge a tous fera lors equite
Par ces deux motz Ite et venite
Et si dira ce qua pour nous souffert
Et que pour tous il sest a mort offert
De ses poures com leuangile touche
Parallement nous dona grant reprouche
Se voulentiers ne les auons portez
Nourris vestus logez et confortez
Las que ferons quant excusacions
Riens ny vauldront: ne lamentacions
Bien seront matz tristes et egarez
quant tous noz maulx seront lors declarez
Deuant si haulte et grande compaignie
De multitude et puissance infinie
Le iuste a grant paine saulue sera
Or regardez que linjuste fera
Car lors seront les mauuais deboutez
Dauec les bons. et en enfer boutez

En feu puant avec les ennemis
Qui de mercy ne sont iamais remis
Paines y a plus que nul ne peult dire
Souffisamment ne la griefte descripre
Tourment auront la sans redempcion
En ame et corps sans intermission
A tousiours las quel horreur a penser
Cest a iamais veullez y fort penser
Et priez dieu du cueur devotement
Quen ce monde vivons si sainctement
Quoy que puissions ceste voix doulce et clere
Venez a moy beneis de mon pere
¶ Homme mortel pense que porteras
Au iugement car la iuge seras

¶ Invectiue morale et figuree

Plus daguettans quun cauteleux renard
Ou darbertus lardant tous dardant dart
Laid sourd hideux et froit cōe. i. escoufle
Quāt sur aucū metz ton faulx et mal art
Si beau corps nest que ne faces fetard
Le vent northis tres corrompu le souffle
Du bas cahos qui a la gueule ouverte
Tatend sortir nen puisses que a tard
Je ty relegue avecques ton bastard
Souille peche et par sentence aperte
Trop esbranles le bru a proserpine
Que iuuenal appelle urne de mort
Laisse les bons gri se la gent maligne
Qui seulement de bien fait se remort
Nul vertueux soit par tes mains de mort
Permetz des gens acroistre lassemblee
Sans tant fraper ainsi a la volee
Ung bien feras plain de sos mais au fort
En ort terroir croist a tard belle blee

Iteux lyon au chef plain de fureur
Licorne ou front au rebours venimeuse
Dos asinal souffrant toute sueur
De trois renges de grās dens dangereux
Piez cabalins te monstrent curieuse
O ton parler humain mors a semblee
Ton pie certain a nul bien ne samuse
Et la raison cy est icy prouvee
En ort terroir croist a tard belle blee

¶ Balade morale

Aymez les bons donnes aux souffreteux
Soiez large ou il appartiendra
Durs aux mauuais et aux povres piteux
Et restraignez quant temps le requerra
Saichez a qui vostre don se fera
Et se cil a desseruy pour lavoir
Du bien cōmun faictes vostre devoir
A ce devez sur toutes choses tendre
Car tous ces poins fist iadis assavoir
Aristote au grant roy alixandre
¶ De dieu soiez en tout tēps couuoiteux
Aymer seruir et il vous secourra
Gardez la loy et iustice a tous ceulx
Et a celluy qui contre offensera
Sans espargner chascun vous doubtera
Ne couuoitez de voz subiectz lavoir
Voz paroles soient trouvees en voir
Faictes les grās aux petis leur droit rēdre
Car tous ces poins fist iadis assavoir
Aristote au grant roy alixandre.
Encor luy dist: ne soiez paresseux
Mais diligent quant il le conviendra
Tenez les saiges et anciens et preux
Au pres de vous. et ce vous aidera
A gouuerner. si que nul ne pourra
Vostre royaulme grever ne decevoir
Vous voz subiectz feres riches davoir
Estre begnin tāt au grāt cōme au mēdre
Car tous ces poins fist iadis assavoir
Aristote au grant roy alixandre

¶ La fême a hardy couraige
Vuyde ce lieu tresorde beste
q des vignes les bourgôs mêges
Sur arbre et sur buysson
Et tout mâge iusqs aux brâches
De ma quenoille si tu tauances
Je te donray tel horion
Quon lentendra dicy a nantes

¶ Les gens darmes
Lymasson pour tes grans cornes
Le chasteau ne lairrons dassaillir
Et se pouons te ferons fouir
De ce beau lieu ou tu reposes
Oncques lombard ne te mangeat
A telle sausce que nous ferons
Si te mectrons en vng grant plat
Au poyure noir et aux ongnons
Retire tes cornes si te prions
Et nous laisse entrer dedans
Autrement nous te assaillerons
De noz bastons qui sont trâchans

¶ Le lymasson
Je suis de terrible fasson
Et si ne suis que lymasson
Ma maison porte sur mon dos
Et si ne suis de chair ne dos
Jay deux cornes dessus ma teste
Côme vng beuf quest grosse beste
De ma maison ie suis arme
Et de mes cornes embastonne
Se ces gens darmes la maprochent
Ilz en auront sur leurs caboches
Mais ie cuide quen bonne foy
Quilz treblent de grât peur de moy

www.ingramcontent.com/pod-product-compliance
Lightning Source LLC
Chambersburg PA
CBHW050108210326
41519CB00015BA/3878

*9782012687240*